U0291058

图解人工智能

王东　马少平　主编

清华大学出版社
北　京

内 容 简 介

本书从基础概念、历史沿革、基础算法、代表性应用、最新研究进展、跨学科交叉成果等多个方面深入介绍人工智能。为满足不同程度学习者的学习需求，全书以图片为主并辅以少量文字说明，每节配有“小清爱提问”在线视频，具有初等阅读能力的读者（包括中小学生）可以轻松获得人工智能的基础知识和全局视野；每一节还包括扩展学习资料、深入阅读材料和编程实践资源供高等阅读能力的读者（包括大学生和教师）自学提高。为配合课堂教学，全书每一节都配有PPT课件、附加视频资料、互动演示程序等教学资源。对应不同知识背景的读者，本书有速读、专业、教学3种建议阅读模式。

期待更多人能借此书产生对人工智能学科的探索热情！

图书在版编目（CIP）数据

图解人工智能 / 王东，马少平主编. — 北京：清华大学出版社，2023.6（2025.3重印）
ISBN 978-7-302-63712-7

Ⅰ. ①图… Ⅱ. ①王… ②马… Ⅲ. ①人工智能—图解 Ⅳ. ①TP18-64

中国国家版本馆CIP数据核字（2023）第097720号

责任编辑：刘翰鹏
封面设计：常雪影
责任校对：袁　芳
责任印制：杨　艳

出版发行：清华大学出版社
网　　址：https://www.tup.com.cn，https://www.wqxuetang.com
地　　址：北京清华大学学研大厦 A 座　　**邮　　编**：100084
社 总 机：010-83470000　　**邮　　购**：010-62786544
投稿与读者服务：010-62776969，c-service@tup. tsinghua. edu. cn
质量反馈：010-62772015，zhiliang@tup. tsinghua. edu. cn
课件下载：https://www.tup.com.cn，010-83470410
印 装 者：北京华联印刷有限公司
经　　销：全国新华书店
开　　本：185mm × 260mm　　**印　　张**：8.25　　**字　　数**：207 千字
版　　次：2023 年 7 月第 1 版　　**印　　次**：2025 年 3 月第 6 次印刷
定　　价：69.00 元

产品编号：099876-02

编 委 会

主 编 简 介

王东，英国爱丁堡大学博士，清华大学副研究员，清华人工智能研究院听觉研究中心副主任，亚太信息与信号处理联盟杰出讲师，在人工智能、语音信息处理等方面发表学术论文150余篇，获最佳论文奖四次，出版《人工智能》《机器学习导论》等著作，主持多项国家自然科学基金项目，研究成果获北京市科技进步二等奖。王东老师发起的“AI光影社”致力于人工智能科普工作，与中国人工智能学会联合制作AI科普短视频100余期，为国家的人工智能战略做出了贡献。

马少平，清华大学计算机系教授，博世知识表示与推理冠名教授，现任清华大学“天工”智能计算研究院常务副院长，人工智能研究院信息获取研究中心主任，中国人工智能学会副监事长，中国中文信息学会副理事长，长期从事智能信息处理工作，在信息检索、推荐系统方面取得了优秀成果。同时，马少平教授从事人工智能导论的教学工作长达20多年，在人工智能教育领域有丰富经验。

序

人工智能是利用机器来模拟人类智能行为的学科，包括理性行为、感知、动作以及情感、灵感和创造性等。由于这些行为都能被观察到，或者可以通过自然语言的形式表达出来，因此可以被机器所模仿。由于我们主要使用的机器是计算机，而“计算”是计算机唯一能做的事情，因此人工智能的任务就是要把人类的智能行为变成计算模型，让机器来实现。《图解人工智能》这本书以通俗的语言向读者介绍什么是人工智能，它的发展历史、基础知识和应用实例，通过这些向读者普及与传播人工智能的知识。

人工智能自 1956 年诞生开始至今 60 多年，分为 3 个发展阶段。自 1956 年开始最初的 30 年，叫作第一代人工智能。人工智能的一批创始人提出一种以知识（经验）为基础的符号推理模型，这种模型又叫符号主义模型，或知识驱动模型，着重对人类的理性行为（理性思考）进行模拟。比如，解决不同领域问题的专家系统，如计算机医疗辅助诊断系统等，就是利用这种模型取得的成果。由于构建专家系统的知识和经验来自人类专家，而且靠人工输入费时、费力，十分困难，难以获得广泛的应用，人工智能的发展受阻，出现了“低潮”。21 世纪初开始，人工智能进入“迅猛发展”期，我们称它为第二代人工智能，这期间提出了基于大数据的深度学习模型，使人工智能在模式识别、内容生成和预测等领域取得了很大的成功，出现了大量的实际应用和产业发展。但这种模型很脆弱，存在着安全性、可靠性等隐患，很容易被误用和滥用，书中在“人工智能风险”中介绍了这部分的内容。ChatGPT 的出现标志着人工智能进入一个新的发展阶段，即第三代人工智能。回顾第一代人工智能，人们利用知识、算法和算力这 3 个要素来发展人工智能，大家把它叫作知识驱动的时代。第二代人工智能人们利用数据、算法和算力这 3 个要素发展人工智能，进入数据驱动的时代。这两个时代人工智能虽然都取得了进展，但都存在明显的不足，其原因是没有充分利用知识、数据、算法和算力这 4 个要素。我们提出第三代人工智能的理念，就是要同时充分发挥这 4 个要素的作用，特别是知识的作用，因为知识才是人类智慧的源泉，ChatGPT 的成功就在于通过“词嵌入法”，有效地获取文本中所包含的知识，把这 4 个要素充分利用起来。

人工智能追求的目标是在各个方面做到机器的行为与人类的行为尽可能相似，比如 ChatGPT 在自然语言聊天（对话）这个方面与人类的行为很相似，当我们与 ChatGPT

聊天时，就同与人类的聊天很接近，因此 ChatGPT 在“聊天”（对话）上达到人工智能的目标。但要在各个方面都达到这个目标，人工智能还有很长的路要走，这也是它的魅力所在。

通过这本书希望能够向广大读者普及人工智能的知识，激发大家的好奇心，培养热爱科学的精神，鼓励大家不断地去提出问题和发现问题，探究人工智能的奥秘。

清华大学计算机系 

前　言

人工智能是一门既古老又年轻的科学。早在 2000 多年前，那些充满智慧和理想主义的古代先贤们就试图制造聪明的机器来帮助人类，然而真正的智能机器直到最近才走进我们的视野。例如 AlphaGO，它曾经击败过人类顶级棋手，创造了历史；还有 ChatGPT，它可以和人类愉快聊天，并且能写会算；又比如 AlphaFold，它可以帮助科学家们解析蛋白质宇宙；甚至还有能让自行车真正“自行”的天机芯片等，每一项成果都令人惊叹！

今天，人工智能技术已经渗透到人们生活的各个角落，小到刷脸支付，大到飞船上天。可以预期，未来人工智能的影响会越来越深刻，不仅在听、说、读、写等传统智能领域大显身手，还会与金融、军事、科研等领域广泛交融，为人类的世界带来翻天覆地的变化。我们似乎能够看到一个崭新的智能社会在向人类招手。因此，学习人工智能成为人们跟上时代潮流的必选项。

然而，对于如何学习人工智能，有些人认为是学习编程来控制机器，有些人认为是学习人脸识别、车牌识别等技术。这些“技”与“术”的学习显然是重要的，但它们不应该作为人工智能学习的起点，就像学数学不应该以使用计算器作为起点一样。人工智能是一门科学，它的思想可以追溯到两千年前，经过无数科学家的积累与沉淀才有了今天的辉煌。在这些积淀之上，人工智能形成了区别于其他学科的独特思维方式，即用计算手段从数据中学习规律。事实证明，这一新的思维方式正在深刻地改变着人们的生活，不仅在构造智能机器方面取得了巨大成功，而且已经渗入到物理、化学、材料等基础学科，成为和数学一样普适的思想工具。从这个角度讲，人工智能应该作为一门基础学科走进课堂。

基于这样的认知，编者认为学习人工智能的起点不该是具体技术，更不该是编程技巧，而应该是人工智能独特的思维方式以及建立于其上的方法论。当然，这种思维方式不能是灌输的，需要在学习中慢慢培养。从深度上，我们需要学习人工智能的起源、技术变迁以及典型的计算方法；从广度上，我们需要学习人工智能在各个领域带来的深刻变革，理解它作为普适工具的重要意义。经过这样的学习，我们就建立起了对人工智能的深入认知和全局视野，从而具备了人工智能的基础素养，之后再学习编程或具体技术就会水到渠成，学习其他学科时也会有更广阔的视野。

“帮助读者养成人工智能的基础素养”正是本书的根本目的。我们试图用一种简洁的方式来实现这一目的：把人工智能的事情像讲故事一样呈现给读者，这部故事的经线是历史纵深，让读者了解这门学科的来龙去脉；纬线是各行各业，让读者打开视野，看到全景。我们借助精美的图片讲故事，让读者不觉得疲乏；我们用生动的“小清爱提问”视频帮助读者获得更形象的理解。我们不仅把目光投向这门学科的起源之初，去理解人工智能学者们最初的心理悸动；我们也报告了最新的研究成果，让读者体会科技前沿的风起云涌。同时，我们还希望通过小清这个可爱的机器人形象，为读者带来更丰富的阅读体验。本书还配套了丰富的在线资源，为读者提供在线更新的学习资料。我们相信，通过这样的方式，读者将更好地理解人工智能，并为未来的学习和研究奠定坚实的基础。

在线资源
使用说明

为了照顾不同知识背景的读者，我们对内容进行了难易分级，对那些相对困难的知识点标了星号。希望快速了解人工智能知识的读者可以略过这些带星号的内容。为了启发读者思考，每一节还设计了一个“动动脑筋”栏目，给出一些思考题。很多思考题是发散型的，没有确切答案，但我们会在网站资源中给出一些提示和思考，读者可以登录网站获得这些信息。

本书使用有三种建议模式。速读模式：仅限阅读本书内容，忽略带星号内容；重点阅读第一篇“概述”，略过第二篇“基础”，对第三篇、第四篇仅关注基础概念，略过技术内容。速读模式所需时间约为两天，适合人工智能零基础的读者。教学模式：根据教学需要选择相关内容和知识点，阅读“教学资料”“扩展阅读”等在线资源；下载教学 PPT，结合“视频展示”“演示链接”中的资源设计教学流程。专业模式：以本书知识为基础，选择感兴趣的课题，深入阅读在线资源中“高级读者”一栏中列出的参考资料，阅读“开发者资源”中的技术资料并尝试复现相关代码。不论哪种模式，我们都建议读者关注“AI 光影社”公众号，获取人工智能前沿的科普视频。

总之，本书只是一个知识索引，希望这本有趣的书及丰富的补充资料满足不同层次读者的人工智能自学和教学需求，也希望读者们能搭载这一叶小舟，驶向更为浩瀚的海洋。

本书的出版汇聚了太多人的辛勤劳动。感谢编写组成员蔡云麒、王依然、李蓝天、利节、石颖、杜文强、黄晓薇，前后五易其稿。感谢黄晓薇、刘夏、赵冠城、方媛、杨艳铮的美术设计。感谢教育专家组的王依然、利节、刘靖、胡菊平、李沛聪、张敏、余津京等老师对本书的可学习性进行了审查。感谢小读者组的王思瑶、韩牧言、熊柳雁、黄晓薇、李颖、利恩一、马乐怡、蔡牧宁、董侨、东煜博、徐梓昊、关孝天等同学对内容的可读性提出的宝贵意见。感谢赵佳祺、张博睿同学以及彭涛、陈伟强、邱伟松的勘误工作，感谢人工智能学会的组织和指导，感谢AI光影社提供的视频资料，感谢卜辉和语音之家在图片制作和在线资源建设上的贡献。感谢茹伟校长和秦皇岛新一路小学的师生们基于本书所组织的教学探索。

鉴于编者本身知识所限，书中难免有不足之处，恳请读者批评、指正。

编　者
2023年12月

目 录

第一篇 人工智能概述

1 什么是人工智能 2
2 人类智能 4
3 人类的智能是如何产生的 6
4 人工智能的起源 8
5 图灵：人工智能之父 10
6 达特茅斯会议 12
7 人工智能的发展历程 14
8 让人惊讶的 AI 16
9 人工智能的风险 18

第二篇 人工智能基础

10 基于知识的人工智能 21
11 基于学习的人工智能 23
12 机器学习基本流程 25
13 学习方法 29
14 学习策略☆ 31
15 人工神经元网络 33
16 典型网络结构 35
17 深度学习☆ 37
18 深度学习前沿☆ 39
19 大模型时代 43
20 深度学习面临的挑战 50

第三篇 人工智能应用

21 人脸识别 53
22 车牌识别 55
23 AI 美颜 57
24 AI 绘画大师 59
25 AI 鉴伪 61
26 语音识别 63
27 声纹识别 65
28 语音合成 67
29 机器作家 69
30 人工智能诗人 71
31 机器翻译 73
32 围棋国手 75
33 AI 游戏 77
34 扫地机器人 79
35 搜索引擎 81
36 商品推荐 83

第四篇 人工智能前沿

37 破解蛋白质结构之谜 86
38 重构材料微观三维结构 88
39 预测化学反应类别 90
40 生物拟态证据 92
41 听声辨位 94
42 检测炭疽芽孢 96
43 太空探索 98
44 AI 谱曲 100
45 和数学家做朋友 102
46 机器做梦 104
47 天文学家的助手 106
48 预测新冠病毒传染性 108
49 开发癌症疫苗 110
50 AI 增强显微镜 112
51 走向未来 114

参考文献 116

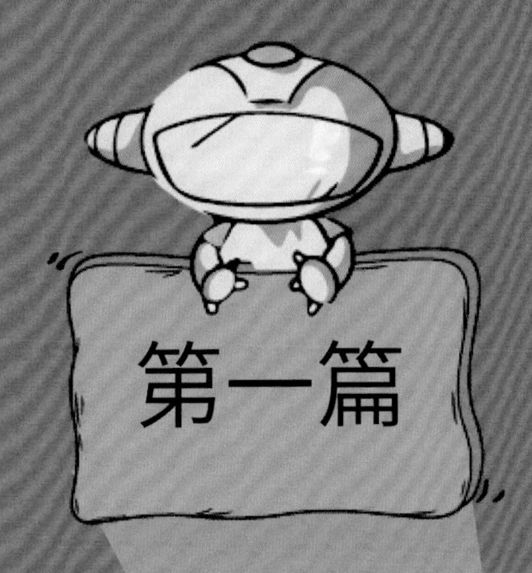

人工智能概述

1 什么是人工智能

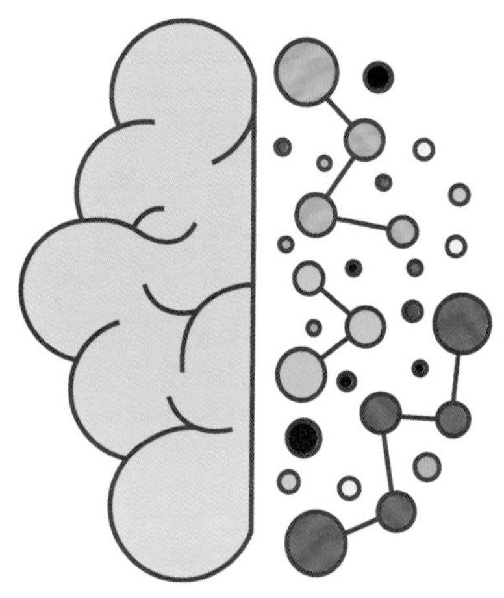

人工智能（artificial intelligence，AI）是一门科学，目的是让机器拥有类似人的智能行为。这些智能行为包括感知、运动、推理、学习、规划、决策、想象、创造、情感等。

◆ 人工智能无处不在

刷脸支付

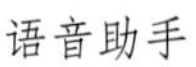

语音助手

新闻推送

搜索引擎

◆ 智能机器：千年梦想

唐代《朝野佥载》记载了一名叫殷文亮的县令，喜好饮酒。他制作了一个"劝酒"机器人，客人喝得少了，就到跟前唱歌跳舞，酒喝不完歌舞不停，因此每次饮宴都会宾主尽欢。

阿拉伯学者加扎利（1136—1206）制作的机器玩偶，传说会吹拉弹唱，还可以组成乐团。

古罗马数学家希罗在《自动装置制作》一书中所描述的一个全自动化的木偶剧院。

《列子·汤问》记载了一位名叫偃师的巧匠，制作的机器人惟妙惟肖。他带着自己的歌舞机器人拜见周穆王。机器人竟然向穆王的嫔妃们抛媚眼，惹得穆王大怒，要治偃师的罪。偃师无奈将其剖开，穆王才相信跳舞的是机器人。

◆ 强大的人工智能

◆ 人工智能的基本概念

一般认为，人工智能是探讨用计算机模拟人类智能行为的科学。

计算机是实现人工智能的基本工具。为智能行为建立计算模型是人工智能的基本任务。

约翰·麦卡锡（1927—2011），美国计算机科学家，“人工智能”一词的提出者。

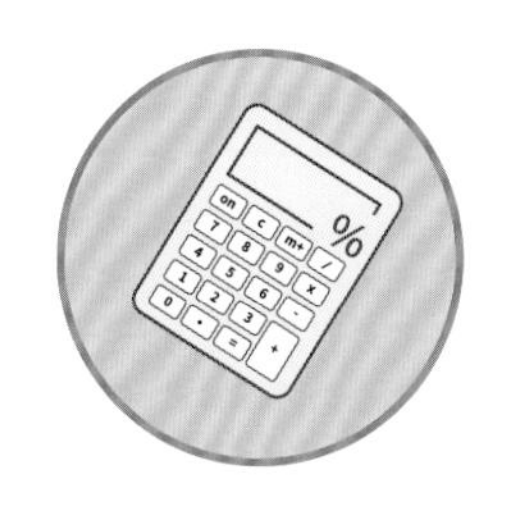

计算

当前人工智能方法都是通过计算实现的，因此计算机是基本工具。基于物理过程实现的功能一般不作为人工智能的研究对象，如风力带动石磨研磨稻谷等。

智能行为

人工智能起源于对人类思维的模拟，关注那些需要“动脑子”才能完成的工作，或称为智能行为，如感知、记忆、动作、推理等。

◆ 关于人工智能的误解

人工智能未必具有硬件形式，也未必是人形。很多强大的人工智能，如 AlphaGo，只是一个计算程序。反过来，机器人也未必是智能的，一些机器人仅是做些重复性操作，智能度并不高。

人工智能和编程是不同逻辑范畴的概念。编程是用计算机语言和机器沟通的方式，编程的对象既可以是人工智能算法，也可以是简单的打印命令。人工智能本质上是一门科学，既包括理论研究，也包括软硬件实现，其中软件部分通常由编程实现。

动动脑筋

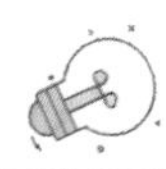

19世纪末，著名物理学家皮埃尔·居里（居里夫人的丈夫）在自己的实验室里发现磁石的一个物理特性，就是当磁石加热到一定温度时，原来的磁性就会消失。后来，人们把这个温度叫作“居里点”。人们利用这一现象设计了电饭锅，当米饭煮熟后会“智能”地断开电源。思考一下，电饭锅这种自动断开电源的功能算是人工智能技术吗？

讨论：你认为下面哪台机器最智能？说说你的理由。A. 一台可以定时的机械闹钟；B. 一台可以自动完成清洗、甩干、烘干操作的自动洗衣机；C. 一个撞了“南墙”可以回头的扫地机器人；D. 一部可玩小游戏的手机；E. 一台可遥控的无人机；F. 一群互相协作的足球机器人；G. 一台可以打印出文档的激光打印机。（☆）

什么是人工智能？

人工智能等价于机器人吗？

2 人类智能

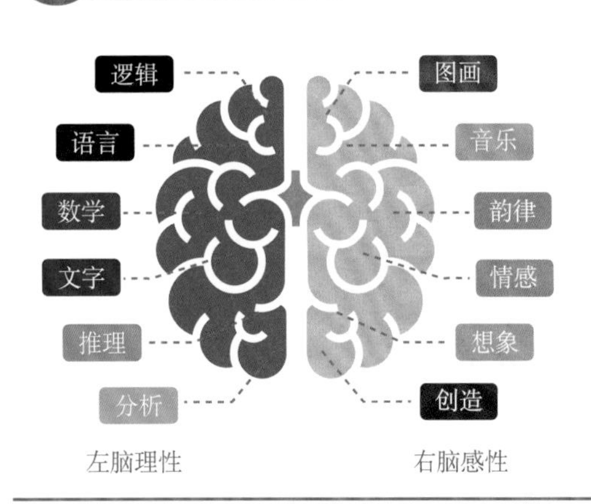

◆ 智商

智商(IQ)是对智力的测试得分。德国心理学家威廉姆·斯特恩设计了后来称为IQ测试的智力测试方法。在IQ测试中,普通人的IQ为100左右,大约2/3的人IQ为85～115;只有极少数人的IQ在130以上,可以认为是人类中的高智商者。

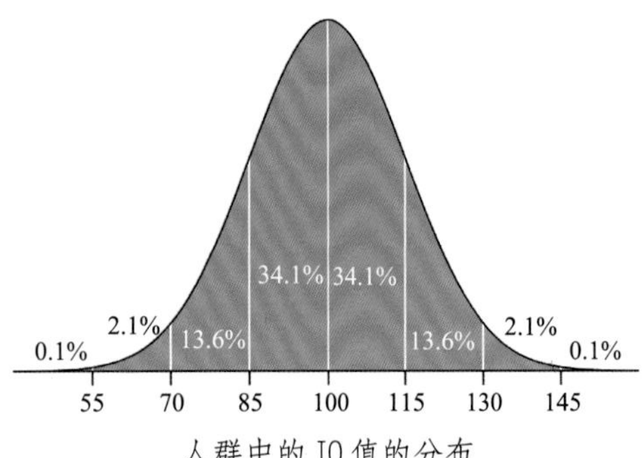

人群中的IQ值的分布

对应加德纳的多元智能理论,IQ测试的是人的语言和逻辑数学能力以及部分空间能力,但与其他能力关系不大。例如,IQ测试通常不能反映人的创造力和社会认知能力。同时,人类的认知过程极为复杂,无法通过一个测试精确测量。因此,IQ不能作为个体能力的绝对评价。

◆ 人类的智能有哪些

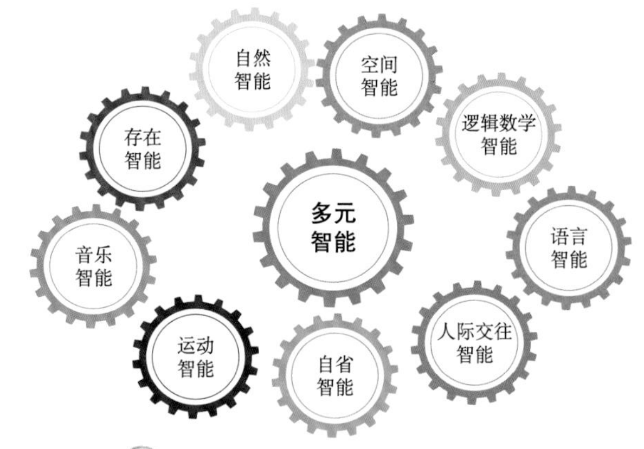

霍华德·加德纳(1943—),美国哈佛大学心理学家,1983年发表*Frames of Mind*,提出多元智能理论。

加德纳的多元智能理论将人的智能总结成7种:逻辑数学智能、语言智能、空间智能、音乐智能、运动智能、人际交往智能、自省智能。后来,又增加了自然智能(利用自然的能力)和存在智能(对人类存在意义等重大问题的思考能力)。这一理论在教育领域得到广泛应用,成为多元化教育的基础。

通过动物的脑结构及行为,可以估计它们的IQ值

◆ 情商

情商(EQ)是指认识、了解、控制自我情绪的能力,由美国心理学家彼德·萨洛维和约翰·梅耶等人于20世纪90年代初确立。对应加德纳的多元智能理论,情商与人际交往智能、自省智能、存在智能等更为相关。

高情商者对自身的认知更明确,与人交往更和谐,能积极看待事物,承受挫折能力更强,做决策时更冷静、客观。相反,低情商者缺乏自信,与人合作困难,爱抱怨,找借口,不努力。

人类为什么这么聪明

人类大约出现在200万年前。从生物学角度看，200万年是非常短暂的，人类不可能在这么短时间内进化出什么神奇的基因。研究表明，现代人与黑猩猩在基因上有99%是相同的，与狮子、老虎、老鼠这些动物的基因差异也不大，说明人和动物在生物学基础上很接近。

那么，人类为什么这么聪明呢？一个根本原因在于人有一个不一样的大脑。研究表明，成年人的大脑大约为1.4千克，占身体重量的2%，几乎是所有动物中比例最高的。在人类的大脑中包含超过1000亿个神经元细胞，非常强大。

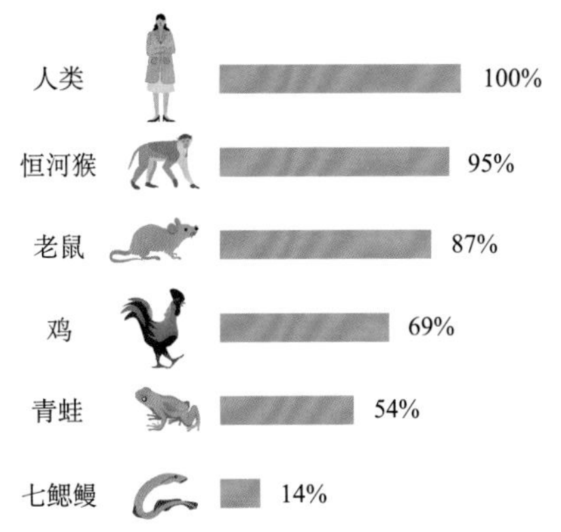

不同动物与人类的基因相似性。图中数字为动物基因中和人类一致的氨基酸所占的比例。

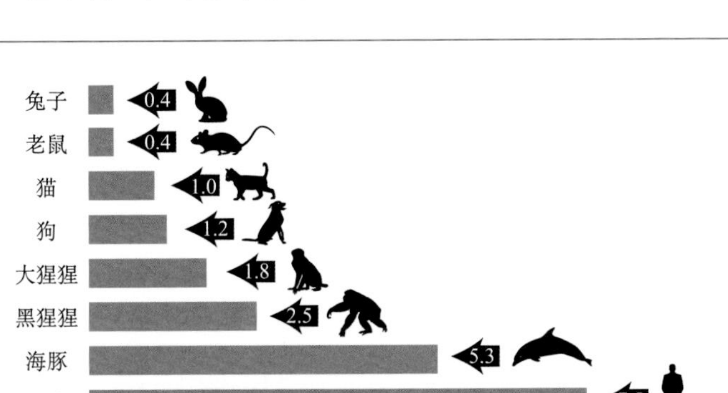

不同动物的脑化指数（EQ）。脑化指数是描述动物大脑和身体比例关系的量，并以猫的计算结果为参考进行比例调整（即猫的 EQ=1.0）。

综上所述，人类是通过头脑而不是四肢或牙齿来获得生存优势的。这一选择使得人类的头脑越来越聪颖，越来越强大。反过来，聪明的头脑也让我们的肢体越来越灵巧，可以完成更复杂的创造性活动。现在看来，这一选择是非常明智的，那么多庞然大物都消失在历史长河中，而人类成了这个星球的主宰。

酒精会损伤我们的大脑

2022年3月4日，国际著名杂志《自然通讯》刊登论文，称随着酒精摄入量的增加，大脑的体积会减小，并且喝得越多，减小的情况越严重。

饮酒也被证明与多种癌症有关。饮酒没有安全线，最安全的饮酒量是零。

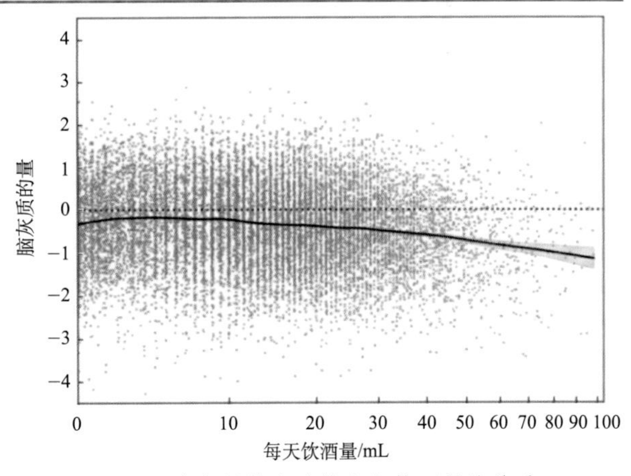

成年男性大脑体积与饮酒量的关系

动动脑筋

让我们做个小小的IQ测试吧：下图中空白地方的图案或数字应该是什么？（☆）

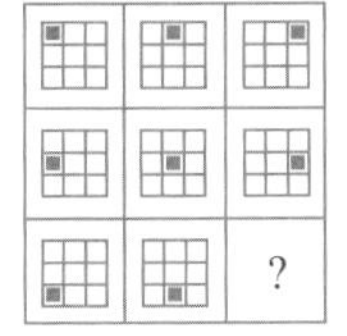

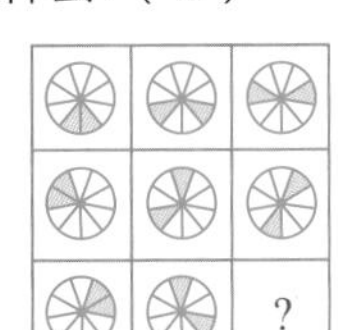

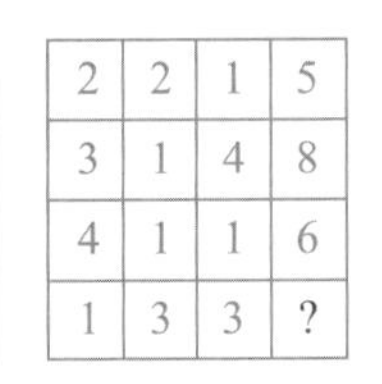

2	2	1	5
3	1	4	8
4	1	1	6
1	3	3	?

3 人类的智能是如何产生的

人与猿拥有共同的祖先。600万年前，人类还像他的近亲大猩猩们在丛林中玩耍。600万年过去了，大猩猩还是大猩猩，人类却创造出了无与伦比的璀璨文明。迈克尔·托马塞洛的《人类思维的自然史》揭示了人类智能与文明背后的秘密，发现人类智能来源于我们祖先互信、共享、合作的高贵品质。

◆ 生物进化简史

大约45亿年前，地球从环绕早期太阳旋转的盘状结构中形成。42亿～40亿年前，地球表面温度降低，地壳凝固，大气与海洋形成。

40亿年前，最早的生命以蛋白质的形式出现。38亿～35亿年前，单细胞生物出现，分化出细菌，成为最早的生物。

经过38亿年漫长的进化之路，地球上诞生了约870万种生物，其中650万种生活在陆地上，220万种生活在海洋中。目前，有记录描述的物种大约有180万种。

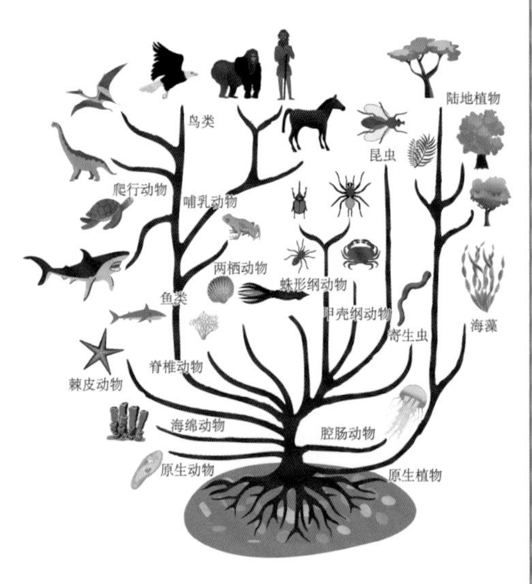

地球生物进化树

◆ 人类的诞生

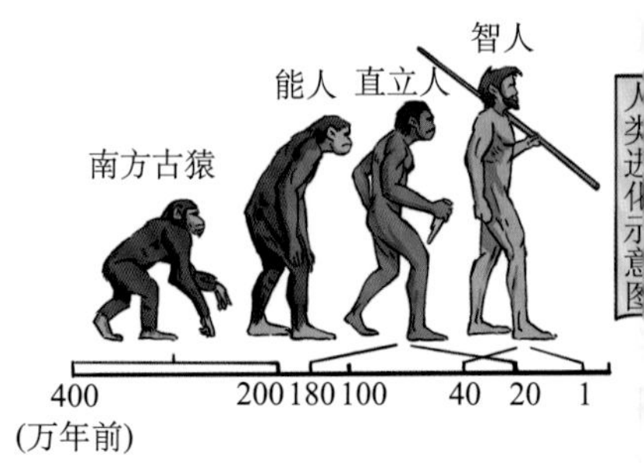

600万年前，在非洲某地，一群大猩猩在与自然的斗争中缓慢进化着。由于环境变化，森林消退，他们开始习惯在地面上直立行走。这些进化出的灵长类动物称为“南方古猿”。

200万年前，一支称为“能人”的古猿开始用双手制造石器，成为最早的人类。

人类开始在非洲旅行，开启了全新的进化之路。大约20万年前，一个称为“智人”的人类种群在竞争中脱颖而出，成为现代人类的祖先。

◆ 人类智能阶跃之谜☆

大约在200万年前，人类和其他灵长类近亲们拥有同样的认知能力。那么，什么力量使得人类在此后的200万年里突然崛起，产生了远超其他物种的智力呢？

生物进化的力量无法在200万年内如此显著地改变一个物种的基因，因此无法解释人类智能飞跃式的进步。

脑容量的大小可以解释人类智能的基础，却不能解释人类智能的历史飞跃。海豚（1500克）、大象（6000克）的脑容量都超过了人类，但远没有人类聪明。另外，自智人以来，人类的脑容量其实是减小的，但无疑人是越来越聪明的。

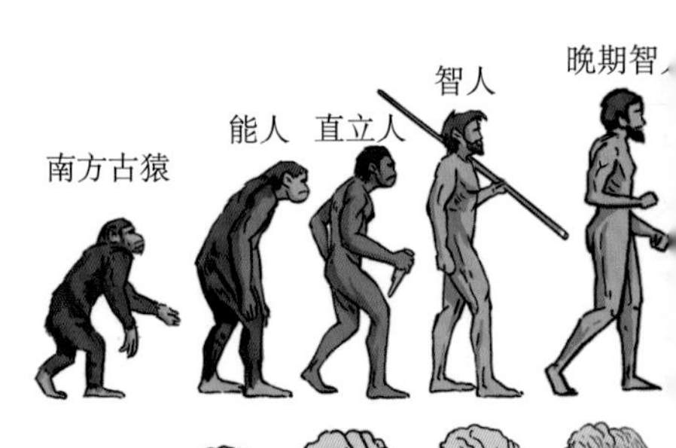

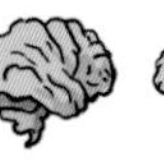

◆ 合作激发智能

人类的智能如此强大，不仅远超其他物种，而且也远远超过了生存的需要，且没有停下来的势头。如此独一无二的智能是如何产生的呢？科学家们对这个问题进行了长期研究，认为合作是人类智能开始飞跃的起点。

因为环境的变化，我们的祖先，一些古猿人，已经不能通过摘果子来填饱肚子了。为了生存，他们不得不开始捕猎生活。然而，他们没有那么强壮的身体和尖利的牙齿，奔跑的速度也没有优势。为了生存下去，他们必须进行合作，一起捕捉跑得更快，或更强大的动物。在这种合作中，他们需要互相交流、平衡关系、制定策略，从而锻炼了大脑的各种能力，激发了智能的快速提高。

◆ 人类的无私品质

合作是很多群居动物共有的特性（如狼、黑猩猩甚至昆虫），但只有人类的合作激发了智能的飞跃。这是因为人类的合作非常深刻，包括合作养育婴儿、分享狩猎经验等。这些合作不是为了自己，而是为了其他成员和整个群体。这种合作的无私性在其他动物那里是看不到的。

人类的合作精神来自于人与人之间深刻的认同感，即每个人会把其他人视为和自己具有同样思考方式的个体。这种相互之间的认同感奠定了人类“共情”的心理基础，即通过换位思考理解他人的处境与苦难。因此，我们的祖先愿意帮助他人、信任他人、分享成果、分享经验，必要时甚至为他人和集体做出牺牲。

人类的这种无私品质之所以能够养成，可能是因为当时的生存条件实在是太恶劣了，只有具有这些特质的个体和种群才能生存下来，那些自私自利的人被大自然早早地淘汰了。因此，生存下来的人类天然具有互信互爱的高贵基因。

◆ 人类文明的诞生

人与人之间的互信可能是人类文明的开始。有了这种互信，人们愿意接受他人创造的成果并在此基础上继续贡献，为后人留下传承。这种称为“棘轮效应”的积累非常重要，使得每一代种群所创造的成果得以保存并被后代持续改进。

正是基于这种积累，人类慢慢发展出了文字、宗教、艺术乃至现代科学。新诞生的人类在新的知识环境中不断学习并创造出更优秀的智力成果，一步步推动文明的进步。

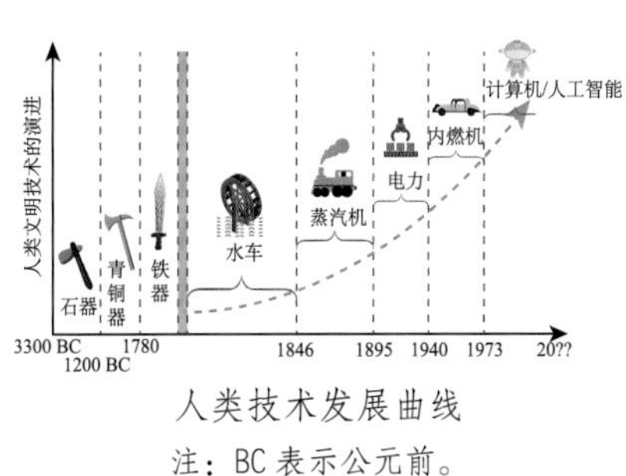

人类技术发展曲线

注：BC 表示公元前。

动动脑筋

很多昆虫在外出觅食时会协同行动，一起把较重的食物搬回家。一些大猩猩的合作能力更强，在捕猎时会发出叫声提醒同伴。想想看，这些合作与人类的合作有什么不同？

有研究发现，人类的小朋友3个月后就有和他人交流的愿望，很多小朋友乐于和别的小朋友分享玩具和食物。相对来说，大猩猩拿到食物后更喜欢找个角落独自享用。讨论一下，互相分享、互相交流有哪些好处？在人类文明发展史上，分享和交流起到了什么作用？

4 人工智能的起源

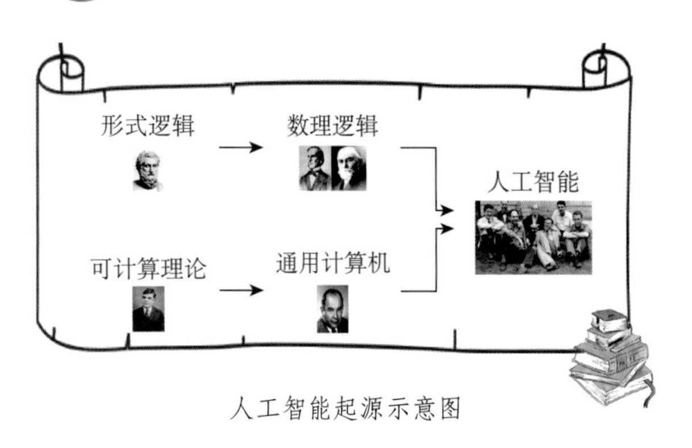

人工智能起源示意图

◆ 开端：形式逻辑

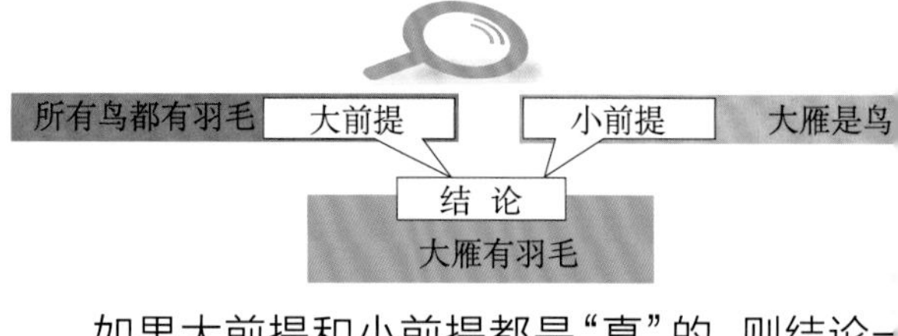

如果大前提和小前提都是“真”的，则结论一定是成立的。这一思维规律称为三段论。

三段论将思维对象和思维形式进行了区分，这是人类对自身思维规律的第一次理性总结。

亚里士多德（公元前384—前322），古希腊哲学家、博学家、柏拉图的学生、亚历山大大帝的老师，在众多领域做出了开创性贡献。上边右图是他的逻辑学著作《工具论》，这部著作奠定了形式逻辑的基础，也成为人类研究自身思维规律的开端。

◆ 进阶：思维的数学化☆

亚里士多德的形式逻辑是用自然语言表述的，容易产生歧义，应对复杂推理比较困难。

霍布斯在他的《利维坦》(1651)一书中提出人类的思维可以表示为一个数学计算过程，简单地说，“推理即计算”。

莱布尼茨同样主张用数学来表达思维。在《发现的艺术》（1685）一书中，他这样写道：“如果人们发生了争执，那么很简单：来，让我们来算算，看看谁是对的。”

思维数学化的目的是对思维过程进行精确的、无歧义的描述。然而直到19世纪，人们才发明了描述思维的数学工具——布尔代数。

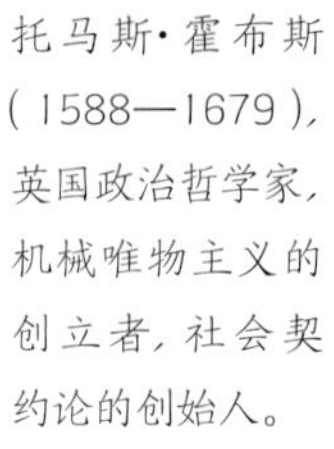
托马斯·霍布斯（1588—1679），英国政治哲学家，机械唯物主义的创立者，社会契约论的创始人。

戈特弗里德·威廉·莱布尼茨（1646—1716），德国哲学家、数学家，微积分的发明者之一。

◆ 完善：数理逻辑确立☆

1854年，布尔出版了《思维规律》一书，完成了逻辑符号化的开创性工作。他用自己开创的数学体系证明了基于明确定义的符号和运算规则，可以表达形式逻辑的推理过程，从而模拟人的思维。为纪念他对逻辑学的贡献，后人将他开创的符号演算体系称为布尔代数。

弗雷格在《概念演算》一书中定义了完整的逻辑演算系统。后来，经过怀特黑德、罗素、希尔伯特、哥德尔等数学家的努力，数理逻辑正式确立。

数理逻辑的确立为用数学方法来描述人类的思维提供了坚实的理论基础，成为人工智能大厦的第一块基石。

乔治·布尔（1815—1864），英格兰数学家和哲学家，数理逻辑先驱。1864年，因冒雨给学生上课，布尔患感冒引发肺部水肿去世。

弗里德里希·路德维希·戈特洛布·弗雷格（1848—1925），德国数学家、逻辑学家和哲学家，数理逻辑和分析哲学的奠基人。

◆ 计算机出现

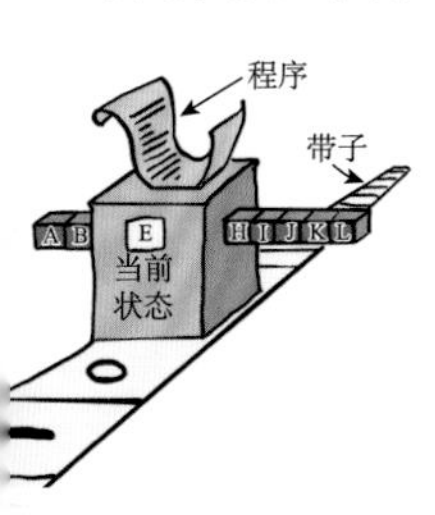

1936年，年仅24岁的英国科学家艾伦·图灵提出图灵机模型。这一模型表明，基于简单的读写操作可以处理非常复杂的逻辑演算（详见第5节）。

1946年，第一台通用计算机ENIAC诞生；1949年，第一台基于存储程序结构的可运行电子计算机EDSAC面世，人类进入计算机时代。

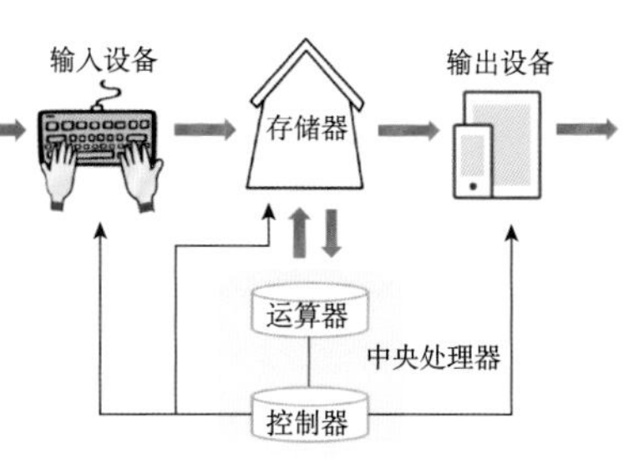

存储程序结构将计算机分成运算器、控制器、存储器、输入设备和输出设备五大组件。

1945年前后，包括约翰·冯·诺伊曼在内的科学家们逐渐确立了计算机设计的基础原则，明确使用二进制计算，像存储数据一样存储程序，并将计算机分成五大组件。这一结构称为存储程序结构。

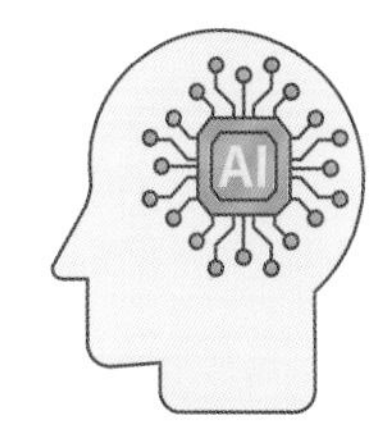

约翰·冯·诺伊曼(1903—1957)，美国数学家、计算机学家、博弈论奠基人，在几何学、物理学、经济学中都有重要贡献。

计算机的诞生为人工智能提供了工具，成为人工智能大厦的第二块基石。

◆ 人工智能诞生

1948年，图灵发表了一篇题为《智能机器》的报告，提出了利用计算机来模拟人类智能的思想，为人工智能的诞生奠定了理论基础。

1956年，约翰·麦卡锡等一批年轻学者在美国达特茅斯学院召开暑期讨论会，探讨实现智能机器的方法，史称达特茅斯会议。在这次会议上，约翰·麦卡锡提出的“人工智能”一词成为新科学的名字。从此，人工智能正式走上历史舞台，开始了半个多世纪的风雨历程。

Artificial Intelligence
(1956—)

动动脑筋

在第1节中提到，人工智能是用计算来模拟人类思维的科学技术，其中“思维”和“计算”是两个关键要素。想想看，“思维”和“计算”这两个要素在人工智能起源过程中是如何体现的？对人工智能的发展各自起到了什么作用？（☆）

光影彩蛋

如何描述人的思维？

5 图灵：人工智能之父

艾伦·图灵，英国著名数学家、计算机学家，人工智能科学的奠基人。左图为图灵在第二次世界大战时所设计的Bombe密码破解器，成功破译了纳粹德国的英格尔密码，为二战胜利做出了重要贡献。

◆ 少年天才

艾伦·图灵，1912年6月23日出生于英国伦敦。在读小学时，他的老师就曾写道：“我见过不少聪明勤奋的孩子，然而，艾伦是个天才。”

剑桥大学国王学院

伦敦谢伯恩公学

1926年，图灵进入伦敦谢伯恩公学，表现出对科学的极大兴趣。16岁的时候，图灵接触到爱因斯坦的工作。据说图灵不仅可以读懂这些论文，而且推测出爱因斯坦对牛顿运动定律的批判。

1931年，图灵考入剑桥大学。1935年因一篇证明中心极限定理的论文被选为剑桥大学国王学院的研究员，当时他年仅22岁。

◆ 计算理论☆

1936年，年仅24岁的图灵发表了一篇划时代的论文《论可计算数及其在判定问题上的应用》，文章提出了被后人称为“图灵机”的通用计算模型，为现代计算机的诞生准备好了理论基础。正是因这一伟大贡献，图灵被后人称为“计算机科学之父”。没有计算机的诞生，也就没有人工智能的开端。从这一点上看，图灵是为人工智能准备工具的人。

◆ 机器智能

1948年，图灵发表了一篇题为《智能机器》的报告，提出了用机器实现智能的可能性，并探讨了若干实现方法。例如，他认为可以设计一个通用机器，像教小孩子那样教它一步步成长，这是机器学习的朴素思想。他还提出，可以通过奖励和惩罚来对机器进行“教育”，这是强化学习的基本思路。这些天才思想是人工智能发展之初的第一笔精神财富，直到今天依然指导着后人。从这一点上看，图灵是为人工智能奠定思想的人。

图灵主张通过教育让机器产生智能

图灵建议模拟动物群体活动产生智能

◆ 图灵测试

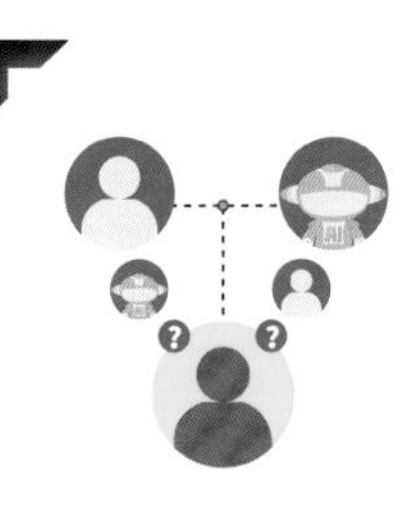

把人和计算机关在小黑屋里，由人类测试者通过键盘分别与人和计算机进行自然语言对话以区分谁是机器谁是人。5分钟以后，如果机器可以让超过30%的测试者误以为它是人，则认为该机器拥有了智能。

1950年，图灵发表《计算机器与智能》一文。这篇文章提出了后来被称为“图灵测试”的假想实验。通过这一假想实验，图灵用一种实验的方式定义了智能，即如果我们不能将机器和人的行为区分开来，则认为机器拥有了智能。

“图灵测试”事实上给出了关于“智能”的定义，同时设定了人工智能研究者努力的方向。从这一点上看，图灵是为人工智能设计方向的人。

图灵奖奖杯

◆ 百年影响

1954年6月7日，图灵因氰化物中毒离世，年仅41岁。

2012年，在图灵诞辰百年之际，《自然》杂志盛赞他是有史以来最具科学思想的人物之一。

为了纪念这位伟人，美国计算机协会（ACM）于1966年设立图灵奖，颁发给在计算机领域做出杰出贡献的学者，成为计算机界的诺贝尔奖。

2000年，华人科学家姚期智因在计算理论、密码学等方面的基础性贡献获图灵奖。这是目前唯一获此殊荣的中国科学家。

◆ 图灵奖

图灵奖的奖金在设奖初期为20万美元，1989年起增长到25万美元。奖金通常由计算机界的一些大企业提供。目前，图灵奖的奖金为100万美元。

自1966—2021年，共有75位科学家获得图灵奖，获奖领域包括编译原理、程序设计语言、计算复杂性理论、人工智能等。

1966—2021年图灵奖得主名单

1966	Perlis, Alan J.	1983	Ritchie, Dennis M.	1998	Gray, Jim	2011	Pearl, Judea
1967	Wilkes, Maurice V.	1983	Thompson, Kenneth L.	1999	Brooks, Frederick P.	2012	Goldwasser, Shafi
1968	Hamming, Richard W.	1984	Wirth, Niklaus E.	2000	Yao, Andrew Chi-Chi	2012	Micali, Silvio
1969	Minsky, Marvin L.	1985	Karp, Richard M.	2001	Dahl, Ole-Johan	2013	Lamport, Leslie
1970	Wilkinson, James H.	1986	Hopcroft, John E.	2001	Nygaard, Kristen	2014	Stonebraker, Michael
1971	McCarthy, John	1986	Tarjan, Robert E.	2002	Adleman, Leonard M.	2015	Diffie, Whitfield
1972	Dijkstra, Edsger W.	1987	Cocke, John	2002	Rivest, Ronald L.	2015	Hellman, Martin
1973	Bachman, Charles W.	1988	Sutherland, Ivan	2002	Shamir, Adi	2016	Berners-Lee, Tim
1974	Knuth, Donald E.	1989	Kahan, William	2003	Kay, Alan	2017	Hennessy, John L.
1975	Newell, Allen	1990	Corbato, Fernando J.	2004	Cerf, Vinton	2017	Patterson, David
1975	Simon, Herbert A.	1991	Milner, A.J. Robin	2004	Kahn, Robert E.	2018	Bengio, Yoshua
1976	Rabin, Michael O.	1992	Lampson, Butler W.	2005	Naur, Peter	2018	Hinton, Geoffrey
1976	Scott, Dana S.	1993	Hartmanis, Juris	2006	Allen, Frances E.	2018	LeCun, Yann
1977	Backus, John	1993	Stearns, Richard E.	2007	Clarke, Edmund M.	2019	Catmull, Edwin E.
1978	Floyd, Robert W.	1994	Feigenbaum, Edward	2007	Emerson, E. Allen	2019	Hanrahan, Patrick M.
1979	Iverson, Kenneth E.	1994	Reddy, Raj	2007	Sifakis, Joseph	2020	Aho, Alfred Vaino
1980	Hoare, C. Antony R.	1995	Blum, Manuel	2008	Liskov, Barbara J.H.	2020	Ullman, Jeffrey David
1981	Codd, Edgar F.	1996	Pnueli, Amir	2009	Thacker, Charles P.	2021	Dongarra, Jack
1982	Cook, Stephen A.	1997	Engelbart, Douglas	2010	Valiant, Leslie		

动动脑筋

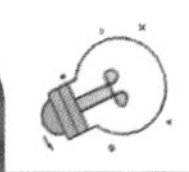

图灵对人工智能这门学科做出了哪些贡献？这些贡献对于人工智能这门科学有什么重要意义？

有人不同意将图灵测试作为智能与否的标准。他们认为，就算机器表现的和人一样，也不能说机器拥有了智能，因为它只是一堆电路，与人的思维方式完全不同。你是否赞同这种说法？说说你赞同或反对的理由。（☆）

光影彩蛋

为什么说图灵是人工智能之父？

什么是图灵测试？

6 达特茅斯会议

1956年的达特茅斯会议是人工智能的开端。2006年，在达特茅斯会议50周年之际，摩尔、麦卡锡、明斯基、塞弗里奇和所罗门诺夫（从左至右）重聚达特茅斯学院。50年前意气风发的年轻人已经年过古稀，但他们开创的“人工智能”这门学科却风华正茂。

◆ 逻辑理论家

定理证明是一项高智商活动。然而，数理逻辑的发展让人们相信，基于若干基础假设和简单的推理规则，通过计算是可以实现定理证明的。

1955年，赫伯特·西蒙和艾伦·纽厄尔开始探讨机器定理证明的可能性，最后由来自兰德的计算机程序员约翰·克里夫·肖完成了程序编写。他们把这个程序命名为“逻辑理论家”。

这一程序的诞生具有深刻的历史意义，是“思维即计算”这一哲学思想的有力证明。

艾伦·纽厄尔（1927—1992）

赫伯特·西蒙（1916—2001）

◆ 风起云涌

20世纪50年代，通用计算机刚刚诞生，其强大的计算能力引起了研究者的广泛关注。另外，随着数理逻辑的发展，思维可计算的理念已经深入人心。

受图灵“机器智能”思想的影响，利用计算机来模拟人类思维、实现类人的智能机器激发起年轻学者的极大热情。

一批新的研究成果涌现，包括克劳德·香农的对弈算法，赫伯特·西蒙和艾伦·纽厄尔的“逻辑理论家”定理证明系统，马文·闵斯基的SNARC神经网络学习机

◆ 对弈算法

对弈一向被认为是需要很强智能才能完成的游戏，例如下象棋、围棋等。因此，对弈机器一直承载着人类的智能梦想。最早的自动对弈机器由西班牙数学家莱昂纳多·托里斯于1910年发明。

计算机发明以后，包括图灵在内的很多科学家都研究过对弈算法。其中，克劳德·香农的研究最为深入，他探讨了通用走棋算法，还设计了一台电动走棋机器

莱昂纳多·托里斯的自动对弈机器Ajedrecista

克劳德·香农的自动走棋机器

克劳德·香农（1916—2001）美国数学家，信息论的奠基人。

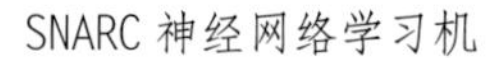

SNARC神经网络学习机

马文·闵斯基（1927—2016）

◆ 神经网络学习机

科学家们很早就知道，大脑是我们的智能中枢，是由大量神经元相互连接组成的。通过模拟大脑的这种连接机制，有可能复现人类的智能（详见第15节）。

1951年，当时还是普林斯顿大学数学系研究生的马文·闵斯基设计了一个称为SNARC的人工神经网络，成为早期神经网络的代表性工作。

◆ 达特茅斯会议：AI 的开端

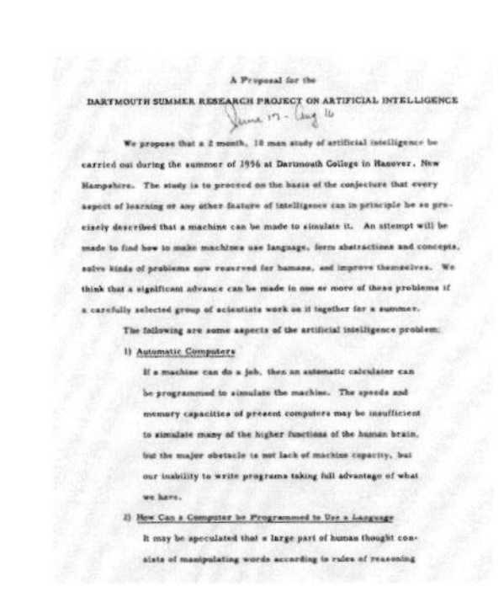
A Proposal for the

DARTMOUTH SUMMER RESEARCH PROJECT ON ARTIFICIAL INTELLIGENCE

June 17 - Aug 16

We propose that a 2 month, 10 man study of artificial intelligence be carried out during the summer of 1956 at Dartmouth College in Hanover, New Hampshire. The study is to proceed on the basis of the conjecture that every aspect of learning or any other feature of intelligence can in principle be so precisely described that a machine can be made to simulate it. An attempt will be made to find how to make machines use language, form abstractions and concepts, solve kinds of problems now reserved for humans, and improve themselves. We think that a significant advance can be made in one or more of these problems if a carefully selected group of scientists work on it together for a summer.

The following are some aspects of the artificial intelligence problem:

1) Automatic Computers

If a machine can do a job, then an automatic calculator can be programmed to simulate the machine. The speeds and memory capacities of present computers may be insufficient to simulate many of the higher functions of the human brain, but the major obstacle is not lack of machine capacity, but our inability to write programs taking full advantage of what we have.

2) How Can a Computer be Programmed to Use a Language

It may be speculated that a large part of human thought consists of manipulating words according to rules of reasoning

约翰·麦卡锡等人向洛克菲勒基金会提交的达特茅斯会议的赞助申请

1955年9月2日，约翰·麦卡锡（达特茅斯学院数学助理教授）联合克劳德·香农（贝尔电话实验室数学家）、马文·闵斯基（哈佛大学数学与神经学初级研究员）和纳撒尼尔·罗切斯特（IBM信息研究经理）向洛克菲勒基金会提出申请，希望举办一次为期两个月，大约10人参加的讨论会。

在申请中，麦卡锡等人首次提出“人工智能（artificial intelligence）”的概念，为一门新学科的诞生埋下了种子。

达特茅斯会议的部分参会者。左数：塞费里奇、罗切斯特、纽厄尔、闵斯基、西蒙、麦卡锡、香农。

会议大约开始于1956年6月18日，差不多8月17日结束，前后大约有47人参加。讨论在达特茅斯数学系一座教学楼里进行。有时候会有人做主讲报告成果，更多时候是自由讨论。

这些参会者在接下来的几十年里都是人工智能领域的领军人物。他们经历了各种曲折和艰辛，坚忍不拔，勇于创新，完成了一次又一次创举和突破。代表性的工作包括麦卡锡的LISP语言，塞费里奇的机器感知理论，塞缪尔的机器学习方法等。

达特茅斯会议宣告人工智能作为一门新学科正式登上历史舞台。

◆ 会议讨论的内容 

美国新罕布什尔州达特茅斯学院旧址

麦卡锡等人在举办达特茅斯会议申请中列出的讨论内容，包括计算机编程、神经网络、计算效率、自我学习等问题。

可见，当时人工智能的研究方向还是很广泛的，很多基础的事情都需要人工智能的学者们考虑。尽管如此，现代人工智能的主要研究内容已经基本确定了。

动动脑筋 

一个有趣的发现，参加达特茅斯会议的学者们的背景非常丰富，有数学家、计算机工程师、神经科学家等。有人据此判断，人工智能并不是一门独立的学科，而是一个大杂烩。在网上搜索一下“AI的开端”一节中出现的几位科学家的背景，讨论一下为什么人工智能的诞生会有那么多不同领域的科学家共同参与。

7 人工智能的发展历程

基于规则的AI

规则

基于经验的AI

基于学习的AI

◆ 风风雨雨六十年

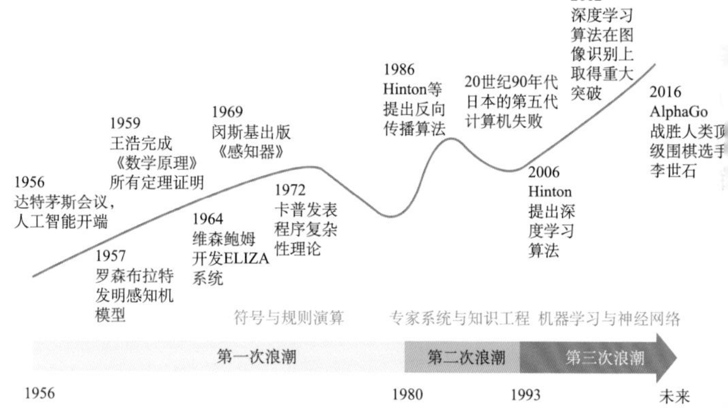

◆ 黄金时代（1956—1974）

达特茅斯会议后的10年被称为黄金10年，是人工智能的第一次高潮。当时很多人持有乐观态度，认为经过一代人的努力，创造出与人类具有同等智能水平的机器并不是问题。1965年，赫伯特·西蒙就曾乐观预言："20年内，机器人将完成人能做到的一切工作。"1970年，马文·闵斯基也发表看法："在3～8年的时间里，我们将得到一台具有人类平均智能水平的机器。"

这一时期的主要思路是利用符号演算解决推理问题，即"符号主义"，代表性成果包括定理证明、基于模板的对话机器人等。

对话机器人

由MIT研究员约瑟夫·维森鲍姆在1964—1966年开发的ELIZA系统是最早的对话机器人。

◆ 严冬到来（1974—1980）

到了20世纪70年代，人们发现对人工智能的预期过于乐观，失望情绪开始蔓延，人工智能走入低谷。

首先，符号主义遇到瓶颈，不能处理实际问题中的不确定性。其次，神经网络被证明具有严重局限性。这些问题使研究者们失去了方向感。

同时，计算复杂性带来对算法实用性的质疑。加拿大计算机学家斯蒂芬·库克和美国计算机学家理查德·卡普等人对计算复杂性做了系统研究，揭示了人工智能中的很多问题难以在合理的时间内找到确切的答案，这让人们对人工智能的实用性产生了怀疑。

◆ 短暂回暖（1980—1987）

到20世纪80年代，人们渐渐意识到通用型人工智能过于遥远，人工智能首先应该关注受限任务。受此思潮影响，以专家系统为代表的知识型人工智能走上历史舞台。专家系统通过收集具体的领域知识来解决任务，获得巨大成功。

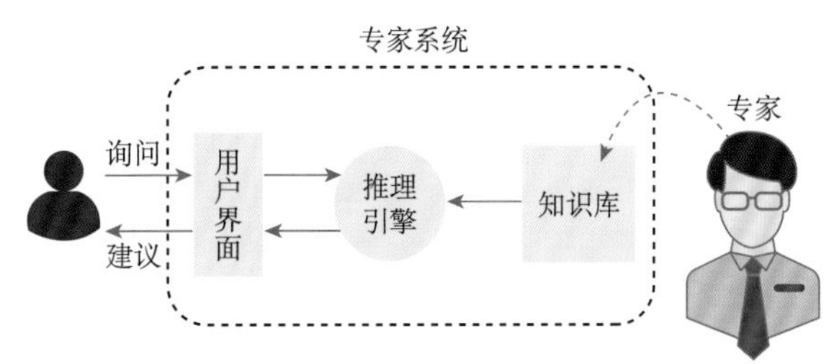

专家系统将专家知识收集到知识库中，通过推理引擎给出用户所需要的答案。

◆ 二次低潮（1987—1993）

20世纪80年代后期到90年代初期，人们发现专家系统的建立非常困难。例如，由匹兹堡大学设计的疾病诊断系统CADUCEUS仅建立知识库就花了近10年。社会上对人工智能的投资再次削减，人工智能又一次进入低谷。

◆ 务实与复苏（1993—2010）

经过20世纪80年代末和90年代初的反思，一大批脚踏实地的研究者脱去人工智能鲜亮的外衣，开始认真研究特定领域内特定问题的解决方法，在语音识别、图像识别、自然语言处理等领域取得了一系列突破。

在这一过程中，研究者越来越意识到数据的重要性和统计模型的价值，机器学习成为人工智能的主流方法。

1997年，IBM深蓝战胜国际象棋世界冠军卡斯帕罗夫。

2011年，IBM Watson在危险边缘游戏中战胜人类选手。

◆ 迅猛发展（2011年至今）

苹果iPhone 4s中的Siri系统

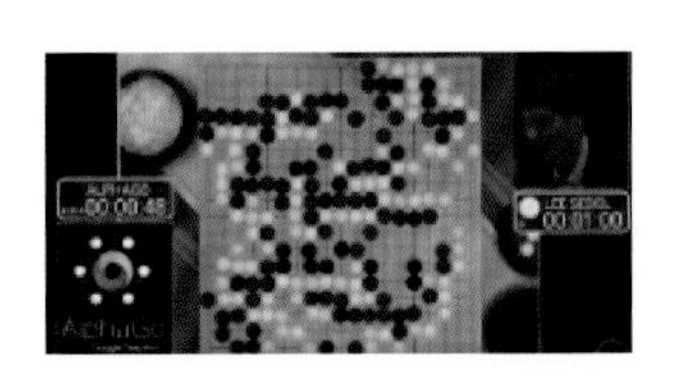
AlphaGo战胜韩国李世石九段

2011年以后，以深度神经网络为代表的机器学习方法取得了极大成功，开启了以大数据学习为基本特征的人工智能新时代。

2011年，苹果发布了iPhone 4s，其中一款称为Siri的语音对话软件引起了公众的关注，重新燃起了人们对人工智能技术的热情。2016年DeepMind公司的AlphaGo围棋程序在与人类的对弈中取得辉煌战绩，进一步激发起人们对人工智能的关注。

今天，人工智能飞速发展，不仅在人脸识别、智能对话等领域大显身手，更加渗透到物理、化学、生物等各个领域，释放出令人震惊的生产力。我们将在后续内容中对这些成果进行详细介绍。

动动脑筋

人工智能自20世纪50年代发展至今，经历了若干次高潮与低谷。每到陷入困境的时候，总有一些科学家勇敢地打破传统思想的束缚，创造出新理论、新方法，使人工智能重现生机。例如，在符号主义陷入危机的时候，费根鲍姆提出了专家系统的新方法，把人工智能带入了一个新天地。这些故事对你有哪些启发？

8 让人惊讶的AI

2016—2017年，DeepMind的围棋AI AlphaGo击败包括李世石和柯洁在内的人类顶尖围棋高手。棋圣聂卫平称：“AlphaGo至少20段。”

◆ 图像处理

Oben公司和西弗吉尼亚大学合作的美颜效果。最左侧为原始照片，美颜程度从左到右依次增强。

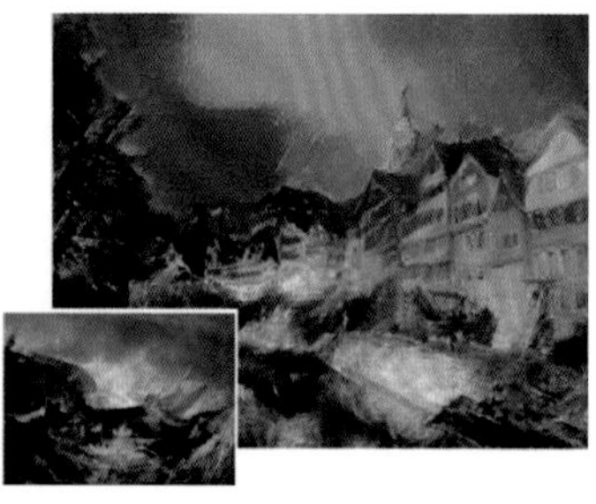

德国图宾根大学的研究者利用卷积神经网络合成的具有独特风格的图片。

使用神经网络处理照片，可以改变一个人的年龄、性别，甚至可以让蒙娜丽莎笑得更灿烂。

◆ 日新月异的人工智能

进入新世纪以来，基于机器学习的人工智能技术大放异彩。特别是2010年以后，以深度学习为基础的新一代人工智能技术突飞猛进。在机器视觉、机器听觉、自然语言处理、机器人等“传统”人工智能领域中，不仅系统（如人脸识别、语音识别）性能得到显著提升，而且还涌现出一些新的智能系统，如写诗、作画等。另外，近几年，人工智能与其他学科的交叉共融取得长足进展，极大拓展了人工智能的应用领域。

总结起来，当前人工智能发展可以归因于三个主要因素。

海量的数据积累 + 强大的计算能力 + 深度学习算法

◆ 语音处理

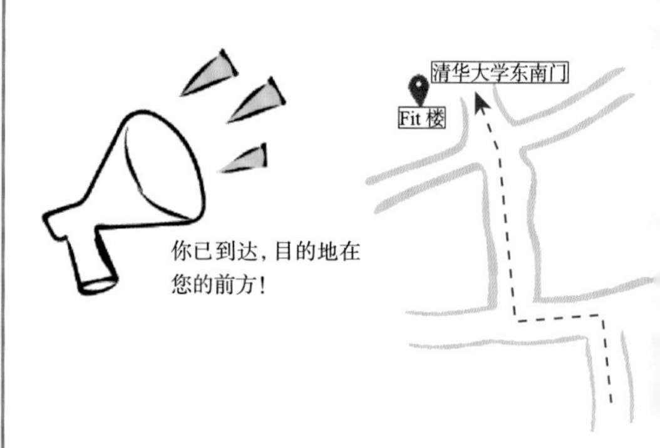

人工智能技术已经可以合成出流畅清晰的声音，甚至可以用很小的代价生成特定人的发音。这一技术已经广泛应用于地图导航中。

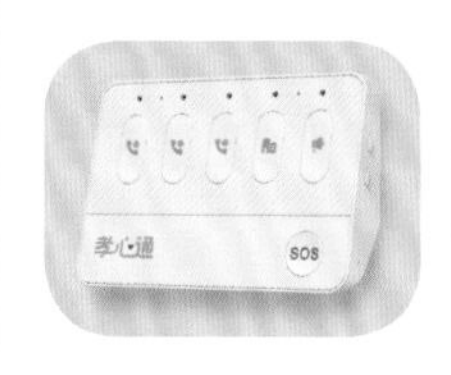

校园和居家声音报警器，可以通过声音进行呼救，适合安装在卫生间、卧室等场所，既保护了个人隐私，也守护了家人安全。

◆ 自然语言理解

OpenAI公司的DALL-E系统，可以听从人的指挥生成图片。上图是给系统输入"泰迪熊作为疯狂的科学家在混合发光的化学物质"后生成的图片。

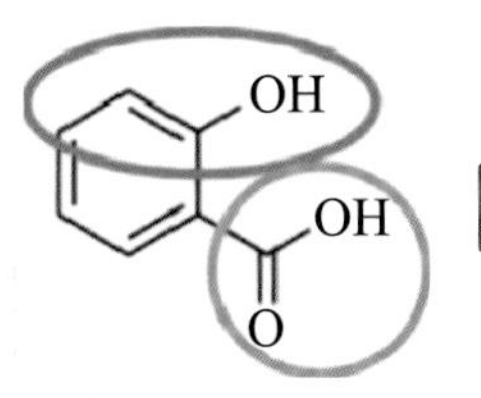

一种抗炎羟基酸，具有阻碍氨基酸复制的能力。

清华大学的研究者利用自然语言理解技术阅读分子式，可以自动生成对分子式的语言描述，并判断分子式或化学反应是否合理。

OpenAI 2022年年底发布的ChatGPT模型，通过学习大量人类文字资料，不仅可以和人流畅对话，还可以写小说、写论文、编制项目计划书、充当计算器、调试代码。从这些结果来看，ChatGPT不仅学习到了人类语言本身的规律，而且在一定程度上掌握了语言中所表达的知识，实现了对知识的学习和总结，这是人工智能领域又一次重要突破。

动动脑筋

人工智能已经融入我们的生活之中，例如便捷的刷脸支付、扫地的机器人。想一想，你身边还有哪些有趣的人工智能设备？以一种设备为例，搜索它的相关信息，看看它背后用到了哪些人工智能技术。

近年来，人工智能与传统学科的结合备受瞩目。2019年，英国利物浦大学在《自然》杂志发表论文中，介绍了一种可以自动做化学实验的机器人。查找相关资料，并讨论一下类似的工作能给人类社会带来怎样的变革。(☆)

◆ 机器人

Google的自动抓取机器人，可以从无到有学习抓取技巧。

波士顿动力推出的机器狗，面对外力推搡时依然可以保持平衡。

无人机已经在勘探、救援、航拍甚至战场上大显身手。

◆ 科学研究中的 AI

中国天眼每天瞭望星空，产生150TB的数据。人工智能技术可以帮助科学家们从这些海量数据中发现未知的宇宙奥秘。

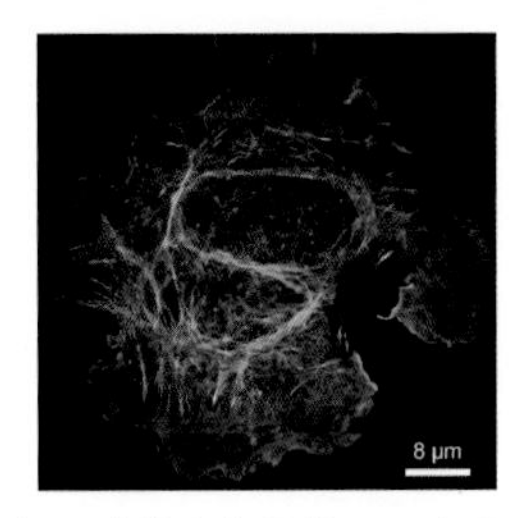

中国科学院生物物理研究所、清华大学、美国霍华德休斯医学研究所的研究者利用人工智能增强的高清显微镜观察到细胞的贴壁生长过程。

英国DeepMind的研究者利用深度神经网络来预测蛋白质结构，精度达到一个原子的尺度。

光影彩蛋

人工智能如何预测新冠疫情？

ChatGPT 是如何炼成的？

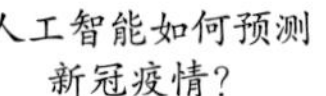

9 人工智能的风险

◆ 机器人三定律

第一定律：机器人不得伤害人，也不得见人受到伤害而袖手旁观；

第二定律：机器人应服从人的一切命令，但不得违反第一定律；

第三定律：在不违反第一定律和第二定律的情况下，机器人应保护自身的安全。

◆ 学成了熊孩子

熊孩子：聊天机器人Tay
2016年，微软的聊天机器人Tay被用户调教成了“熊孩子”，无奈下线。

当前主流的人工智能系统都是基于机器学习的，因此它的行为是由训练数据决定的。目前来看，除非有人故意把人工智能系统教坏，还没有迹象表明它会自我学成一个攻击人类的“社会败类”。然而，学成一个熊孩子的风险还是有可能的。

首先，训练人工智能系统的数据量往往非常庞大，其中或多或少会包含一些教人学坏的数据，导致模型产生一些不符合规范的行为。

其次，通过大数据学习得到的模型和人类理解世界的方式总是不同的，因此有可能产生难以预料的行为，导致潜在风险。

最后，一些智能系统具有自适应能力，在与用户的互动中会改变自己的行为。这种自适应学习增大了学成熊孩子的风险。

艾萨克·阿西莫夫（1920—1992），美国科幻小说作家、科普作家、文学评论家，美国科幻小说黄金时代的代表人物之一。

阿西莫夫于1942年发表科幻小说《转圈圈》（后收录于小说集《我，机器人》），首次就未来社会的人机伦理关系进行了思考，提出了著名的“机器人三定律”。

然而，这些定律存在一些问题，执行起来比较困难。例如，当机器人遇到坏人行凶时，依第一定律，机器人不能伤害坏人，也不能看到好人受到伤害而袖手旁观，这是让机器人非常矛盾的事情。

有人担心，如果机器真的聪明到需要用三定律来约束他们的时候，恐怕这三定律也起不到什么效果了。未来恐怕还需要探索更合理的准则和方式来约束人类与人工智能之间的关系，保证机器永远是人类的助手和伙伴。

AI 的现实风险

虽然人工智能还没有发展到威胁人类的地步，但一些现实风险已经出现，包括隐私泄露风险、法律风险、伦理风险等。

人脸识别被滥用的可能性正在增加。在对方不知情的前提下对人脸进行扫描和识别，可能严重侵犯个人隐私，也可能被不法分子仿冒攻击，造成财产损失和安全隐患。

自动驾驶汽车发生车祸，责任主体不明确。因为没有直接责任人，需要设计多方参与的保险体系，以便及时对事故损失方进行赔偿。另外，事故处理流程也需要完善，以防二次损失出现。

人工智能技术可以轻松改变视频中的人脸和声音，生成高度逼真的伪造视频。这些伪造视频不仅带来社会混乱，还可能被不法分子用作诈骗工具。

和人抢饭碗的 AI

2019年1月8日，英国的BBC网站发布了未来会被人工智能取代的七大“高危”职业，其中不乏我们眼中的铁饭碗：医生、律师、建筑师、飞行员、警察、房地产中介等。未来可能会有更多职业被人工智能取代，包括很多专业性很强、需要长时间经验积累的岗位。

历史上每次技术革命都会取代一些旧岗位，同时催生一些新岗位，人工智能也是如此。人们应该对这一变化有足够的心理准备，并及时调整职业规划，选择更具有创造性的行业。

动动脑筋

“机器人三定律”来自阿西莫夫的小说《转圈圈》，讲的是一个机器人因为指令冲突不得不在原地转圈的故事。了解一下该故事的细节，并据此讨论机器人三定律本身是否存在矛盾？

有一个真实的案例，美国旧金山一名警察夜间执行任务时，发现一辆车行驶时没有开车灯，拦截后发现是辆无人驾驶汽车，在警察冥思苦想要如何开罚单时，该车还试图溜掉。如果你是那位警察，你会把罚单开给谁？A. 汽车制造商 B. 人工智能科学家 C. 车辆审核部门 D. 汽车车主。(☆)

光影彩蛋

机器人三定律能保护人类吗？

未来人工智能会取代我们的工作吗？

人工智能基础

10 基于知识的人工智能

◆ 基于通用知识的人工智能

很多科学体系（如数学、物理等）都是构建在少量基础公理或定律的基础上。将这些公理或定律作为通用知识，通过有限的推理规则可以衍生出大量新知识，从而构造出庞大的知识体系。

基于上述通用知识+推理的思路，可以让机器表现出类似人的智能，典型的如定理证明、人机对弈等。

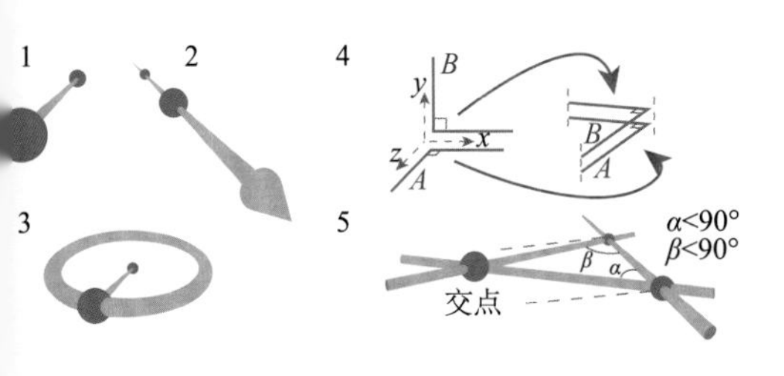

欧几里德几何学公理

1. 过两点有且只有一条直线。
2. 线段可以无限延长。
3. 以任意点为中心任意长为半径可以画圆。
4. 所有直角相等。
5. 两条直线与同平面内另一条直线相交，且同侧两个内角和小于两个直角和，则这两条直线相交。

◆ 知识与智能

美国心理学家雷蒙德·卡特尔认为，人类表现出的思维能力可以分解成两个部分：流动智力与固定智力。流动智力是指认知过程中的基础思维能力，如理解、学习以及解决新问题的能力等；相对地，固定智力与知识积累相关，主要体现在利用经验知识解决问题的能力。

流动智力在人到成年后开始下降，但固定智力会随着年龄的增长和知识的积累逐渐增长。

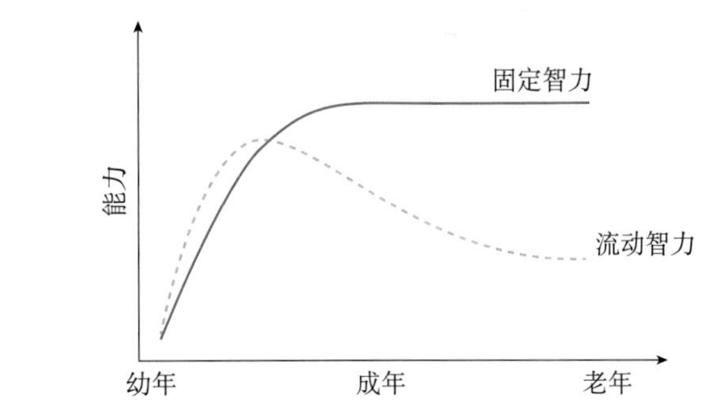

◆ 定理证明

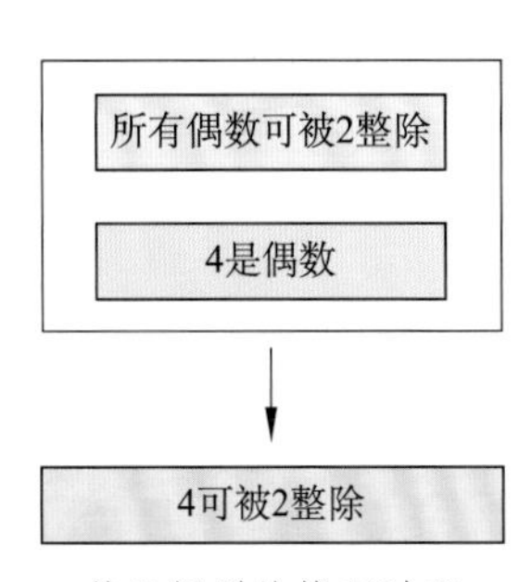

基于规则的推理过程

给定一个猜想，可以基于基础公理或已知定理，尝试推导出该猜想，这一过程称为定理证明。

艾伦·纽瓦尔和赫伯特·西蒙的“逻辑理论家”是第一个通用的自动定理证明程序。这一程序基于5条公理，证明了罗素、怀特黑德《数学原理》第二章中的52条定理。

该算法从基础公理出发，利用推理规则一步步产生新定理，直到待证明的定理出现。

◆ 经验知识

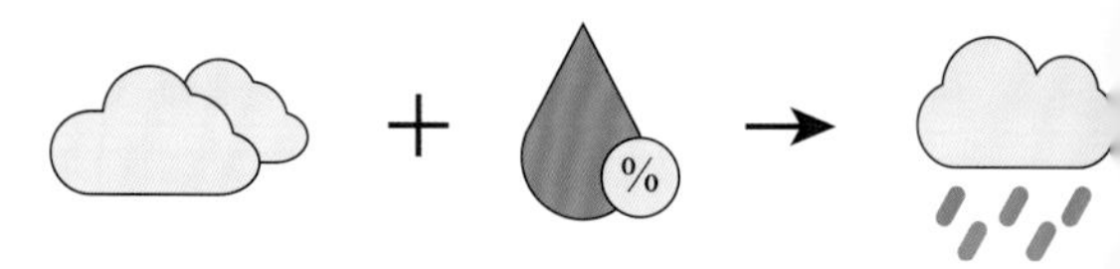

基于公理和定理表达的通用知识具有很强的普适性，然而这些知识往往过于抽象和基础，实际中很难直接应用。例如，很难从物理定律推导出天气变化。

为此，人们想到利用经验知识来解决问题。这些知识很难从基础规律中严格推导出来，但能更直接地解决实际问题，因此也更有价值。

经验知识一般可用“如果……那么……”这样的形式表示，例如：“如果天阴且湿度大，那么会下雨”。这种知识表示方式称为产生式规则。

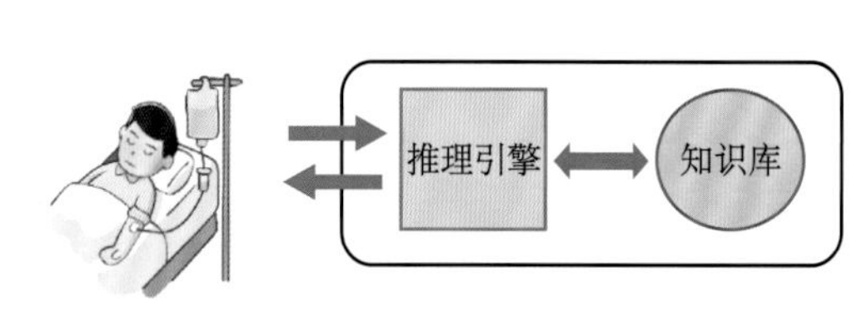

◆ 专家系统

将专家所掌握的知识以特定形式（如产生式规则）整理出来，以这些知识为基础就可以模拟人类专家进行推理和决策，这一系统称为专家系统。例如，一个求医问药系统可以根据输入的症状自动判断疾病，并给出治疗意见。

目前，人们已经研制了数千个专家系统，广泛应用于制造、农业、商务、法律等各个领域。

◆ 知识图谱☆

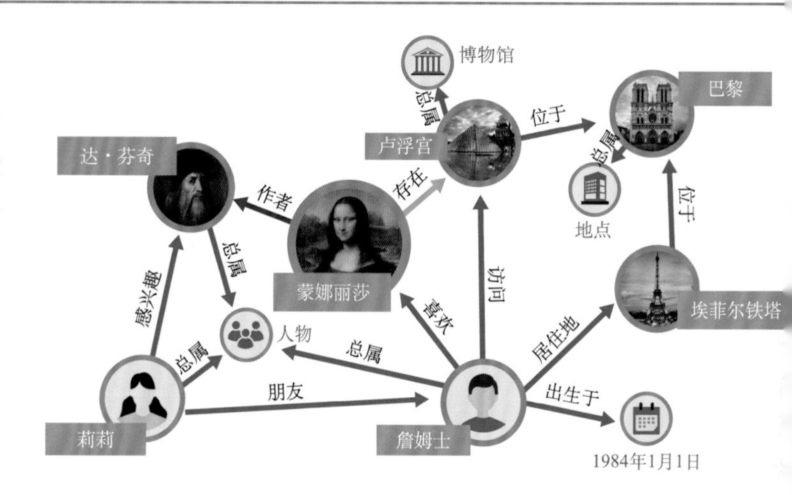

知识图谱是一种简单高效的知识表示方法。它将知识表示为一张图，其中节点代表人物、事件等实体概念，节点之间的连接表示实体之间的关系。

右图表示了“达·芬奇是蒙娜丽莎这幅画的作者（红色连接）”“蒙娜丽莎被收藏在卢浮宫（绿色连接）”等知识。

动动脑筋

如果让你设计一个专门治疗感冒的专家系统，该系统只有两个功能：确诊和开药。想想看，应该向专家收集哪些知识？

基于上图中的知识图谱，可以回答下面哪些问题：①蒙娜丽莎被保存在哪个城市？②詹姆士住在巴黎吗？③莉莉是达·芬奇的后代吗？④达·芬奇访问过巴黎吗？⑤詹姆士的生日是哪天？

11 基于学习的人工智能

◆ 学习的重要性

学习是人类的重要认知活动，学习的能力往往与个体的认知能力直接相关。研究表明，人的学习过程从胎儿时期就开始了，直到去世，学习伴随着我们一生。

学习有很多种形式。教师在课堂上传授知识，学生认真听讲，这是一种学习。没有了教师，孩子们自己玩耍，同样是一种学习。

学习帮助我们适应周围的环境，掌握经验性知识，积累生存所需要的技能。这些知识与技能是智能的重要组成部分。

植物也在学习

研究表明，植物也在学习。《科学报告》杂志刊载的一篇文章发现，对玉米幼苗进行“训练”（左图），将光源和风扇置于同一侧，玉米幼苗学习到“有风的地方就会有光”这一知识。移去光源仅留下风扇（右图），玉米幼苗会按照学习到的知识，猜测“有风的方向会有光照”，因此向着风扇的方向生长。

◆ 机器学习

早期的研究者倾向于将人的知识和思维方式“灌输”给机器，从而让机器拥有思维能力。这好比教师把知识总结成知识点，把思考过程总结成解题招式，硬性地灌输给学生。然而，总结各种知识非常烦琐，机器也只能在人类设计好的知识框架里活动。

1959年，美国科学家亚瑟·塞缪尔正式提出“机器学习”的概念。他设计了一款自动学习的西洋跳棋游戏，只需告诉机器游戏规则，通过8～10小时的学习，机器就拥有了超过程序设计者的棋艺。

此后，机器学习得到蓬勃发展，人们提出了多种学习模型，机器的学习能力大幅提升。特别是新世纪以来，随着数据的积累和计算机性能的提高，机器能学到的东西越来越多，越来越强大，引发了新一轮人工智能的浪潮。

亚瑟·塞缪尔（1901—1990），美国计算机学家，机器学习的奠基人。1959年，他在*BM Journal of Research and Development*杂志上发表文章，介绍了通过学习使计算机学会下跳棋的方法。这篇文章被认为是机器学习的开端。

◆ 机器学习基本框架

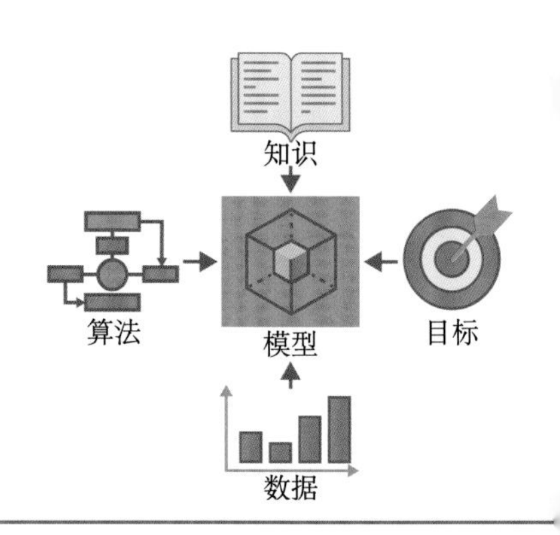

机器学习基于知识设计模型，利用恰当的算法从数据中获得经验，对模型进行优化，从而更有效地完成任务目标。

目标、知识、模型、算法、数据是机器学习的五大要素。

与人为设计方法相比，机器学习并不直接指定机器该如何做，而是告诉它要完成的目标是什么，让它通过学习自动获得实现目标的技能。

◆ 机器学习与人工智能的关系

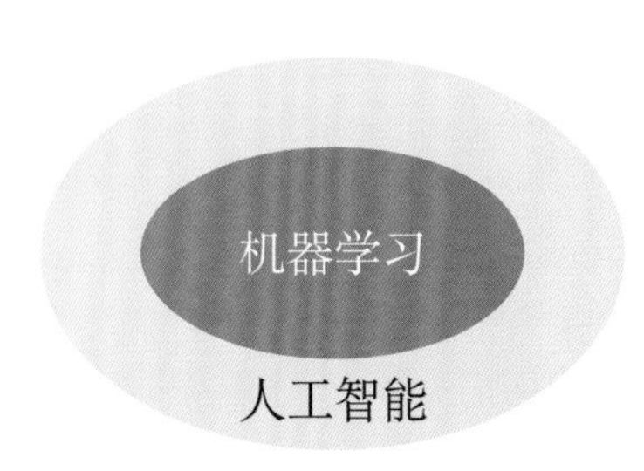

人工智能是一门科学，其目的是让机器拥有人的智能。人工智能包含很多种方法，机器学习是其中比较重要的方法之一。

通过自主学习，机器有可能打破人类知识的上限，获得人类尚未发现的新知识和未掌握的新技能，从而获得“超人”的智能。

今天人工智能所展现出的强大能力，包括人们谈论的人工智能威胁，很大程度上来源于机器学习，因为只有自主学习的机器，才可能超越它的创造者，拥有难以预期的强大能力。

◆ 一个例子

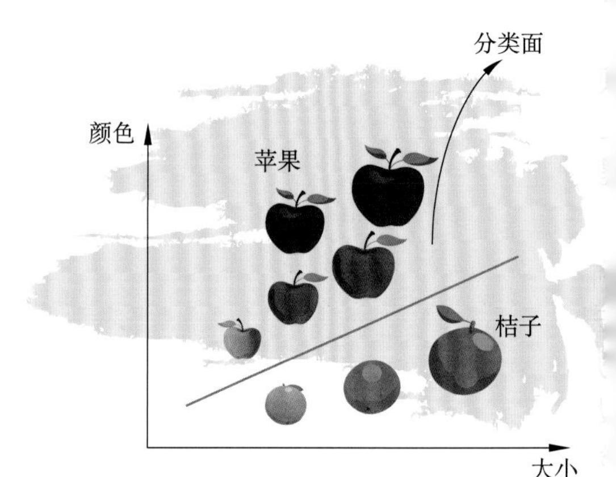

如右图所示，目标是对苹果和桔子进行分类。基于生活经验，可知苹果和桔子的颜色、大小不同。基于这一知识，以“颜色”和“大小”作为特征，设计一个分类模型：

$$Y = A \times 颜色 + B \times 大小 + C$$

其中，(A, B, C)称为模型参数。

在上述模型中，并不指定(A, B, C)的值，而是给机器一些苹果和桔子的样例（数据），让机器自我学习这些参数的取值。

当学习完成后，即可得到一个可以对苹果和桔子进行分类的模型。右图中蓝色直线代表分类面，分类面上边是苹果，下边是桔子。因为分类面是一条直线，这一模型也称为“线性模型”。

动动脑筋

讨论一下机器学习方法对于实现人工智能的重要价值。

思考一下，机器学习的要素有哪些？这些要素是如何组合起来实现人工智能的？

12 机器学习基本流程

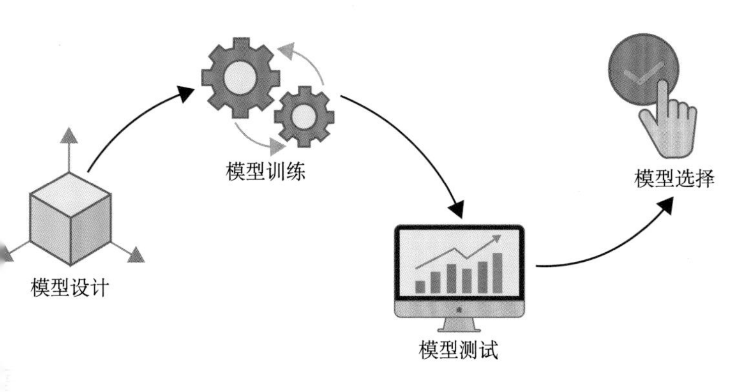

◆ 模型设计

机器学习里有很多种模型，每种模型都有其适用范围，没有哪一种模型在所有场景下都优于其他模型。这一结论是一条可严格证明的定理，称为"没有免费的午餐"定理。

这一定理意味着在实际任务中，没有哪一种模型天然是最好的，需要结合实际情况认真设计。

在模型设计中，需要考虑的因素包括数据量、计算开销等。在设计模型时需要对这些因素综合考虑，得到最合适的建模方案。

◆ 模型训练☆

在设计好模型之后，便需要对它进行学习，这一过程称为模型训练。以区分苹果、桔子的学习任务来举例说明。设计一个简单的模型：

$$Y = A \times 颜色 + B \times 大小 + C$$

其中，(A, B, C)为模型参数，需要通过学习来确定。

收集一个训练集，集中包含若干苹果和桔子的样例，给每个样例设定一个分类目标T，如果是苹果则T=1，如果是桔子则T=0。希望由模型预测出的Y与真实的T越接近越好。为此，设计一个目标函数$L=|Y-T|$。显然，L越小，说明Y和T越接近，模型越精确。因此，模型训练可以描述成这样一个数学问题：选择参数(A, B, C)，使得目标函数L的值最小。

求目标函数L的最小值可以有多种方法。右图给出了一种随机尝试法的求解过程：首先对(A, B, C)随机取一个初始值，然后在这一取值附近随机尝试一组新的取值。如果目标函数值下降，则用新的取值替代原来的参数值，否则继续进行尝试。这一过程重复进行，如(a)～(d)所示。经过多次尝试后，目标函数的值越来越小，苹果、桔子的分类面也越来越准确。

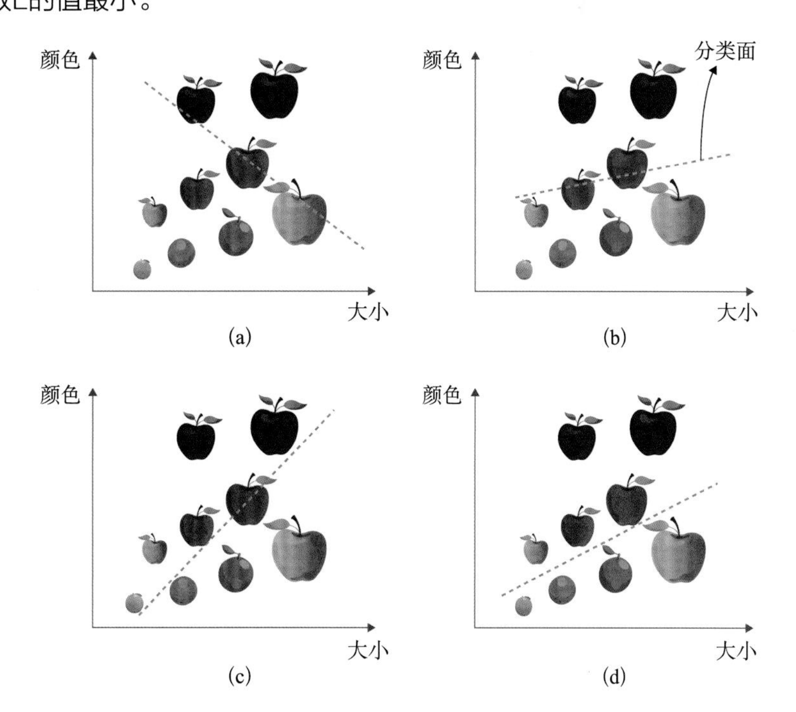

◆ 优化方法：梯度下降算法☆

为了完成模型训练任务，研究者提出了很多优化方法。在这些方法中，梯度下降算法因其简单高效应用最为广泛。

想象一个人在山坡的某一个位置，他的目的是下到最低谷，怎么办呢？通常方案是从当前位置开始向四周探索一下，然后选择一个坡度最陡、高度下降最快的方向迈出一步。这样一步一步走下去，就可以逐渐接近谷底。

如果把参数想象成地理位置，把参数对应的目标函数值想象成山的高度，那么可以把目标函数表示成一个类似山坡的曲面，如下图所示。有了这一曲面，就可以采用和人下山一样的方式从山顶一步步到达低谷。

如下图所示，首先选择一个初始位置A，此时目标函数值较高。在A点附近寻找一个下坡最陡的方向，并沿这一方向走一小步，到达B点。重复上面的下山步骤，就可以一步步降低目标函数的值，最终到达低谷C点。

数学上，坡度最陡的方向称为“梯度方向”，因此这一方法也称为“梯度下降算法”。

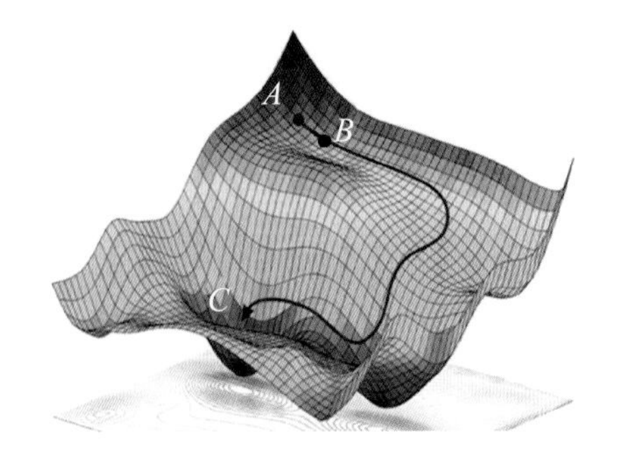

◆ 模型测试

在模型训练完成后，需要对其性能进行测试。对模型的测试应该基于一个独立的测试集。

为什么要在一个新的数据集上进行性能测试呢？这是因为模型在训练集和测试集上的性能可能存在很大差异：在训练集上性能非常好的模型，在测试集上可能会差很多。这种现象称为“过拟合”。

如右图所示，训练了两个模型，它们的分类面分别对应紫色虚线和蓝色实线。蓝色实线允许弯折，因此模型更复杂，可以照顾到训练集中那个“个头较大而颜色偏黄”的苹果。然而，这样的苹果只是个特例，大部分“个头较大而颜色偏黄”的不是苹果而是桔子。因此，当在测试集上测试时，照顾了那个特殊苹果的蓝色实线模型反而出了错，把一些桔子错分成了苹果。

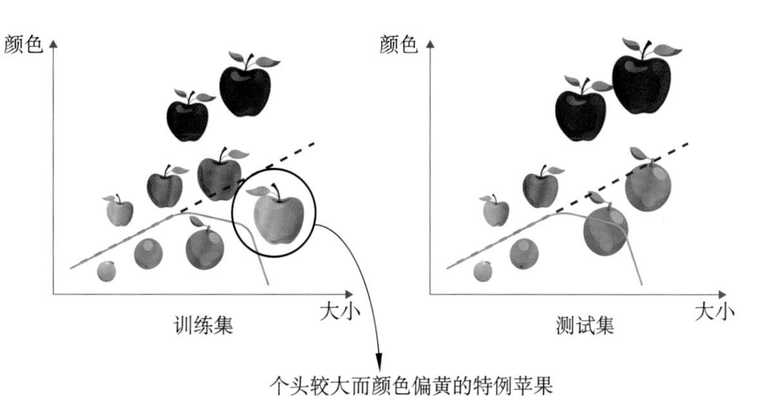

总结起来，过拟合现象的根本原因在于把训练集中的一些特例错误当成了规律，导致模型失效。

◆ 模型选择

过拟合现象的存在使得模型选择变得非常重要。一般来说，复杂的模型有更强大的学习能力，同时也会带来更严重的过拟合问题，特别是当训练数据较少时，这种过拟合现象更为严重。

如何选择合适的模型呢？机器学习里有一条著名的原则：如果两个模型具有类似的性能，那么应该选择更简单的那个。这条原则称为“奥卡姆剃刀准则（Occam's Razor）”。

奥卡姆是个人名，英国中世纪哲学家。奥卡姆剃刀是比喻用法，意思是“删掉不必要的复杂性”。基于奥卡姆剃刀准则，在测试集上模型性能相近的前提下，应尽量选择那些简单的模型。例如，如果用10个参数的模型可以解决问题，就不要用100个参数的模型。

奥卡姆（1285—1347），英国哲学家、中世纪著名学者，在逻辑学、物理学等方面都有重要贡献。

奥卡姆剃刀准则：若无必要，勿增实体

◆ 数据

通过从数据中总结规律，机器学习可以获得强大的智能。从这个角度上说，数据是人工智能的粮食。那么，什么样的数据才是优质数据呢？

首先，数据要保证一定的数量。越复杂的模型，需要的数据量越大。以当前流行的深度学习模型为例，一个实用的语音识别系统往往需要上万小时的语音数据，一个用于聊天机器人的对话系统可能会使用数千亿单词的文本数据。

其次，数据要保证足够的质量。当前大多数系统需要人为标注的数据，如在语音识别任务中需要标记发音内容，图像分割任务中需要标注物体边界。这些标注需要达到一定精度，否则无法用于训练人工智能系统。

最后，数据需要有代表性。如果想要构造一个实用的人工智能系统，最好使用实地采集的数据，因为这些数据可以代表系统实际运行时的现场环境，从而更好地训练出针对真实场景的实用系统。

数据的不均衡容易带来模型偏差

◆ 数据依赖的风险

过度的数据依赖可能带来很多负面影响。第一，数据标注需要大量人力成本和时间成本，给构建机器学习系统带来现实压力；第二，数据本身存在不均衡性，大量数据是常见的、容易获得的，而那些不常见的、难以获得的数据较少。数据不均衡带来模型上的偏差，难以处理重要的但频率不高的事件；第三，数据中某些样本可能带来不可预期的系统行为。例如，文本数据中可能包含带有侮辱性的句子，基于这样的数据训练出的对话机器人可能会说出同样的话。

动动脑筋

讨论一下，为什么测试机器学习模型的性能不能在训练数据上进行，而是需要一个独立的测试集？

“奥卡姆剃刀准则”不仅是机器学习的准则，也是人类认识自然的基本信条之一。查找资料，总结一下这一准则在哲学、自然科学中的重要意义。

“齐夫定律”反映了数据中天然存在的不均衡现象。查找资料，了解一下齐夫定律的内容，并讨论这一现象的存在可能对机器学习系统产生什么样的影响。（☆）

13 学习方法

◆ 学习方法及典型应用

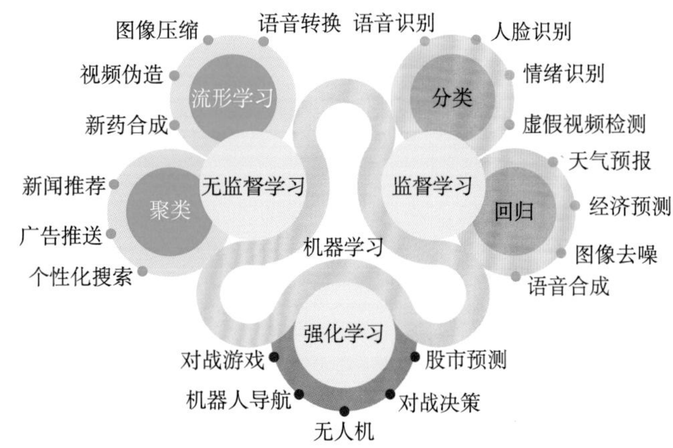

◆ 监督学习

监督学习类似于教师教学生，把知识直接传授给学生，学生记住了教师讲解的知识，即可用于实践。下图是监督学习的一个例子，学习的目的是让机器分辨苹果和桔子。

① 收集一些苹果和桔子的图片，并对这些图片进行标注，标明哪些图片是苹果，哪些图片是桔子。这些标注即是监督信息。

② 用这些图片训练一个对苹果和桔子的分类模型。

③ 将一幅没见过的苹果图片送入分类模型，通过模型分辨出这是一个苹果而不是一个桔子。

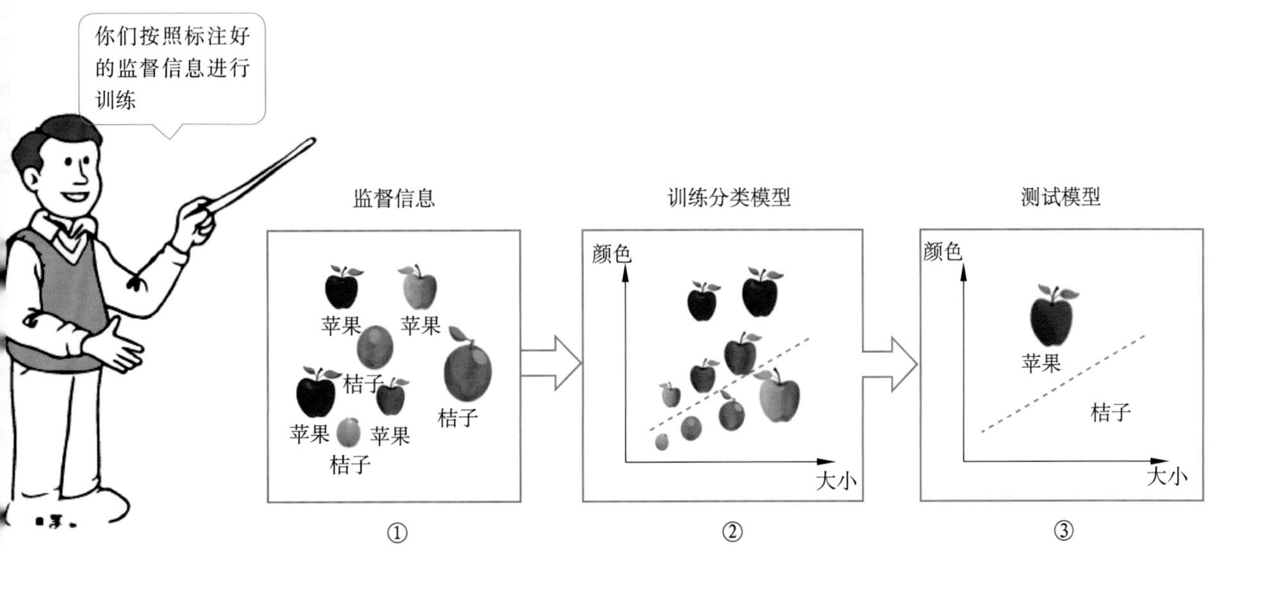

◆ 无监督学习

无监督学习类似于是没有教师的“自学成才”。虽然没有教师，学生依然可以通过自己观察周围的世界发现很多规律。

下图是无监督学习的一个例子，学习的目标是将水果进行归类。

① 收集一些水果的图片，但并不知道图片中水果的名字，因此不包含监督信息。

② 用这些图片训练一个模型，这一模型可以将相似的水果聚成一堆。这一过程称为“聚类”。

③ 将一幅没见过的苹果图片送入模型，模型将它归入苹果一类。

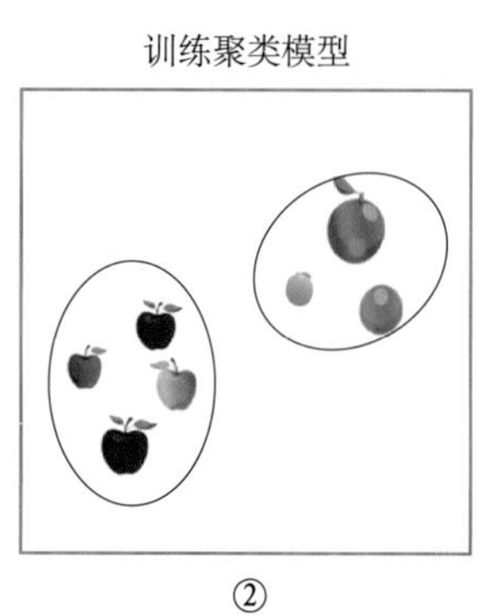

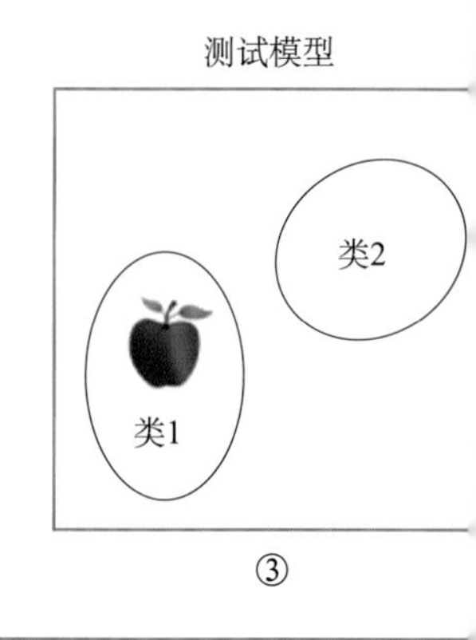

◆ 强化学习

如果想训练一只小狗，当说“苹果”或“桔子”时，它可以把正确的水果送过来。但是小狗听不懂主人说话，怎么办呢？

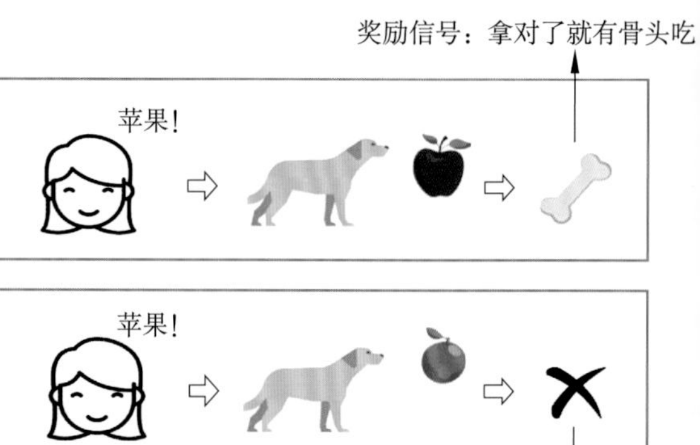

一种做法是用奖励信号代替监督信号来引导它主动学习。方法如下：如果它拿对了，就给它一块骨头做奖励；如果拿错了，就没有奖励。久而久之，它就可以听懂主人的命令了。这是一种有别于监督学习和无监督学习的学习方法，称为强化学习。

动动脑筋

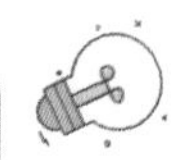

在第29页本节开篇彩图中，两个机器人各自在做什么类型的学习？

总结一下，监督学习、无监督学习和强化学习有什么不同？你认为人类在学习时最常用的是哪种学习方法？

监督学习和无监督学习有什么区别？

什么是强化学习？

14 学习策略☆

◆ 机器学习四大学派

如何让机器学习从数据中学习新规律？如何表示和存储这些新发现的规律？如何利用这些新规律进行推理？

历史上，人们提出了很多思路和方法。总结起来，可以分为四大学派：符号学派、贝叶斯学派、连接学派和进化仿生学派。每个学派都对“如何让机器自己学习”这一问题做出了深入思考，并提出了具有鲜明特色的模型和算法。

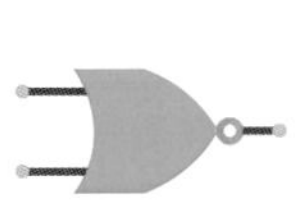

符号学派　　贝叶斯学派　　连接学派　　进化仿生学派

◆ 符号学派

符号学派起源于基于符号演算的人工智能方法。传统上，符号系统的知识是人为定义的，但在真实场景中很可能出现一些没有被覆盖的新知识。

引入学习方法，基于实际数据对知识进行调整或总结出新知识，可以使符号系统的适用性更强。

符号学派的学习能力较弱，一般不允许对知识主体做大规模改动，否则容易产生混乱。

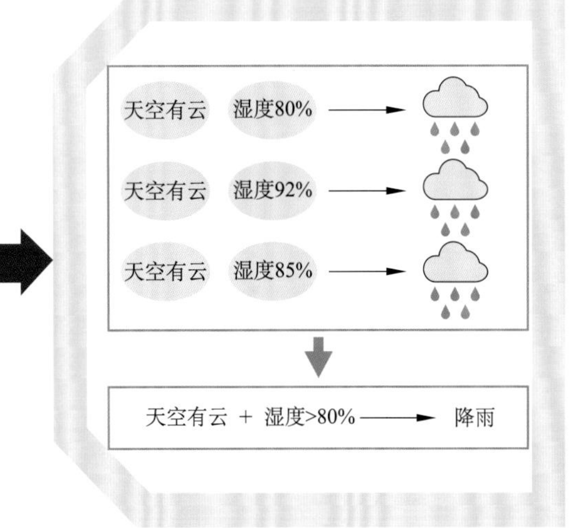

◆ 贝叶斯学派

贝叶斯学派以概率模型为基础工具，侧重刻画现实世界的不确定性。具体来说，这一学派将事件表示为变量，将事件之间的相关性表示为变量之间的概率关系，即某一事件发生时其他事件发生的可能性。

右图是一个简单的概率模型，该模型表示降雨与云量和湿度之间都有概率关系，是否降雨由云量和湿度共同决定。

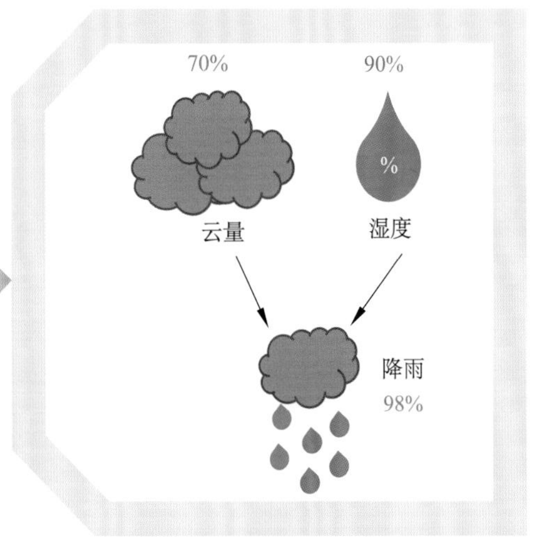

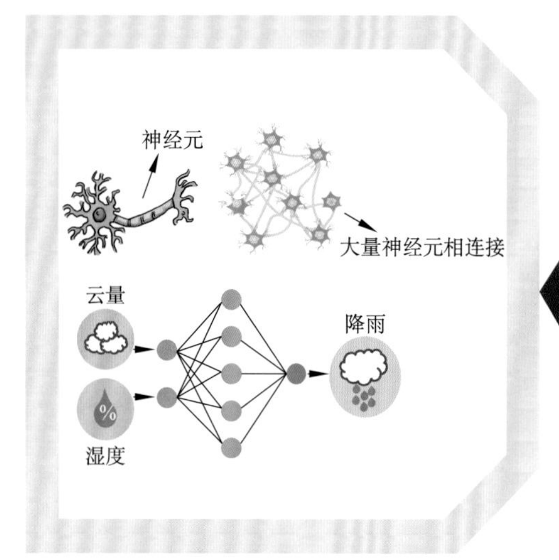

◆ **连接学派**

连接学派的基本思想是通过模拟人的神经系统实现智能。人的神经系统，特别是大脑，是由大量神经元互相连接形成的，每个神经元都具有同样的简单结构，但当它们互相连接起来形成神经网络之后，就可以表现出强大的智能。

基于这一思路，连接学派设计了人工神经元网络模型，网络中每个节点模拟一个神经元，神经元互相连接形成功能，通过调整连接的强弱（称为连接权重）来实现学习。

左图是用来预测降雨发生与否的神经网络，它的输入为湿度和云量，输出为降雨的可能性。

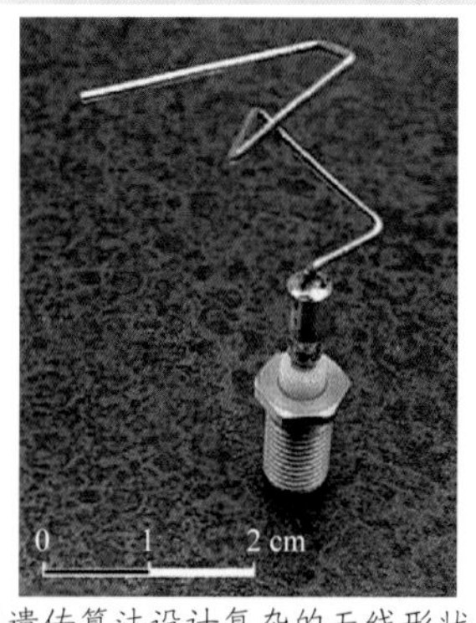

利用遗传算法设计复杂的天线形状。这一任务不具有典型的模型结构，算法通过直接寻找弯折点和角度来实现性能优化。

◆ **进化仿生学派**

进化仿生学派认为，人类的智能是生物长期进化的结果，包括以交叉繁衍和个体变异为基础的繁衍过程和以自然选择为基础的优胜劣汰机制。模拟这一进化过程可以实现类人的智能。

遗传算法是进化仿生学派的代表性算法。这一算法模拟生物进化过程来对模型进行学习。在学习过程中，算法不断生成新的模型并保留那些优质模型，从而逐渐提高模型质量。

进化仿生学派不仅可以用来优化模型，而且可以用于求解一些复杂问题，如左图所示的天线设计。

动动脑筋 

说说你对四个学派的理解，它们各有什么特点？

查找资料，研究一下进化仿生学派中的遗传算法，看看它是如何借鉴生物进化过程来实现智能的。

光影彩蛋

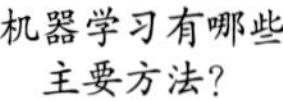
机器学习有哪些主要方法？

什么是遗传算法？

15 人工神经元网络

◆ 大脑中的神经网络

神经元

怀孕36周 初生 3个月 6个月 2年 4年 6年

神经连接增长期 神经连接裁剪期

人类的大脑是由超过1000亿个神经元组成的，这些神经元的结构大致相似，而且功能很简单；但当大量神经元连接在一起时，就可以完成很复杂的功能。特别重要的是，神经元之间的连接是可学习的，人类就是通过这种能力，慢慢学会了各种技能。

婴儿出生以后，大脑中神经元连接的数量随着年龄增长而逐渐增加。到一定年龄后，连接数量不再增加，但连接的结构性会增强。

◆ 人工神经网络模型

受人类神经网络的启发，1943年美国计算神经学家沃伦·麦卡洛克和沃尔特·皮茨提出人工神经网络模型(ANN)。

如下图所示，一个神经元从其他神经元接收输入，经过处理以后，输出给其他神经元。神经元之间连接的强度称为连接权重。

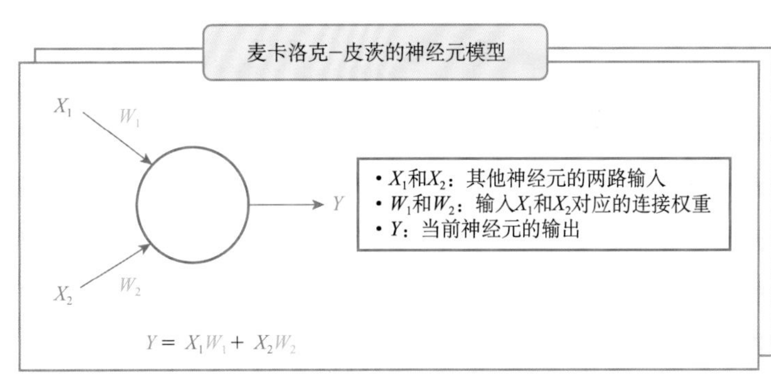

麦卡洛克和皮茨发现，有限个这样的神经元互相连接，可以模拟非常复杂的运算。这一研究确立了神经网络在人工智能中的基础性地位。

沃伦·麦卡洛克（1898—1969）　沃尔特·皮茨（1923—1969）

◆ 可学习的人工神经网络

弗兰克·罗森布拉特(1928—1971)和 Mark I 感知机。罗森布拉特设计的感知机接收图片作为输入，可以识别图片中的字母或数字。

1958年，康奈尔大学的弗兰克·罗森布拉特设计了一个称为“感知器”的单层神经网络，并实现在一台称为 Mark I 的专用硬件上，称为感知机。网络采用麦卡洛克和皮茨提出的神经元结构，不同的是在感知器模型中，神经元之间的连接是可学习的。

感知器的神经网络只有输入输出两层，表达能力有限。1969年，马文·闵斯基出版了《感知器》一书，指出了感知器模型的局限性，神经网络研究走向低谷。

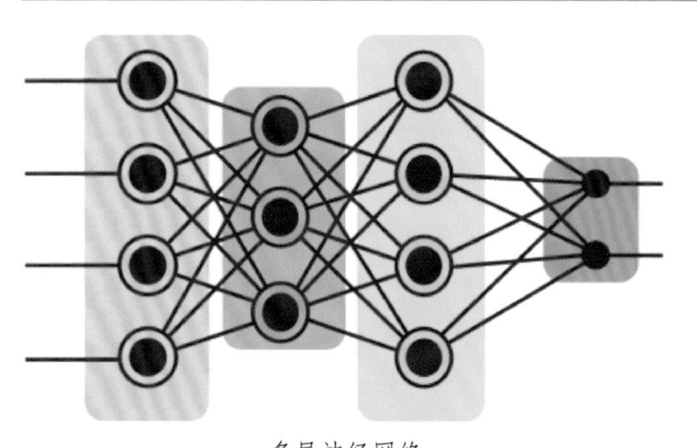

多层神经网络

1986年，戴维·鲁姆哈特、杰弗里·辛顿和罗纳德·威廉姆斯在《自然》杂志上发表论文，提出了一种称为“反向传播(BP)算法”的训练方法，可以训练包含隐藏层的多层神经网络，突破了感知器的局限性，为神经网络的进一步发展铺平了道路。

◆ 蓬勃发展

20世纪90年代以后，人工神经网络蓬勃发展，人们提出了各种不同结构的网络变种，极大地推动了神经网络的应用。

2006年以后，包括多个隐藏层的深度神经网络在各个领域取得极大成功，神经网络成为人工智能领域最重要的工具。

1936. Alan Turing 图灵机

1958. Frank Rosenblatt 感知器：可学习的神经网络

1980. Kunihiko Fukushima Neocognitron：卷积神经网络前身

1986. Rumelhart&Hinton&Williams 反向传播算法

2006. LeCun&Hinton&Bengio 深度学习

2022. OpenAI ChatGPT

1951. Marvin Minsky SNARC神经网络

1969. Papert & Minsky 《感知器》出版

1982. John Hopfield Hopfield 网络

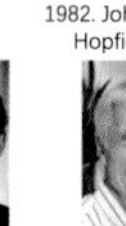

1990. Yann LeCun 卷积神经网络

1997. Hochreiter & Schmidhuber 长短时记忆网络

2017. Google Brain Transformer网络

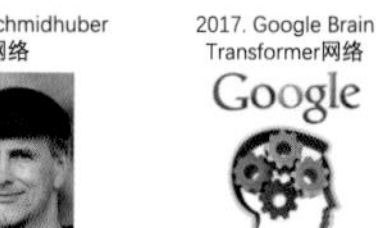

动动脑筋

查找资料，研究一下为什么人类大脑中的神经元到4周岁以后不再增加反而减少？

有人说，既然神经网络有超强的表达能力，或许可以设计有别于传统计算机的“神经网络计算机”，也有人称之为类脑计算。查找类脑计算的资料，讨论一下这种方法的优缺点。(☆)

光影彩蛋

什么是反向传播算法？

什么是人工神经网络？

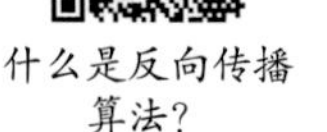

16 典型网络结构

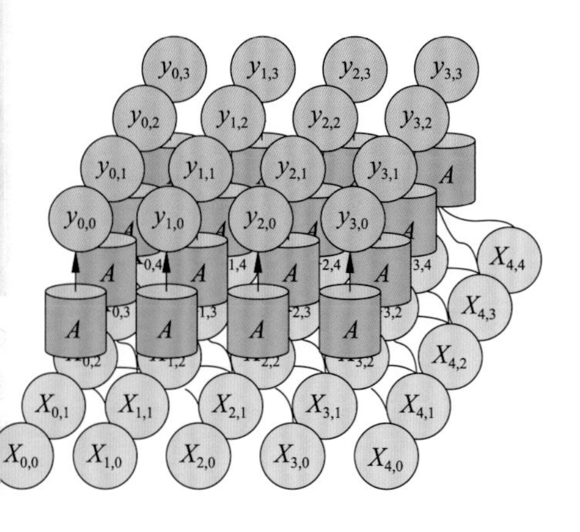

◆ 多层感知器(MLP)

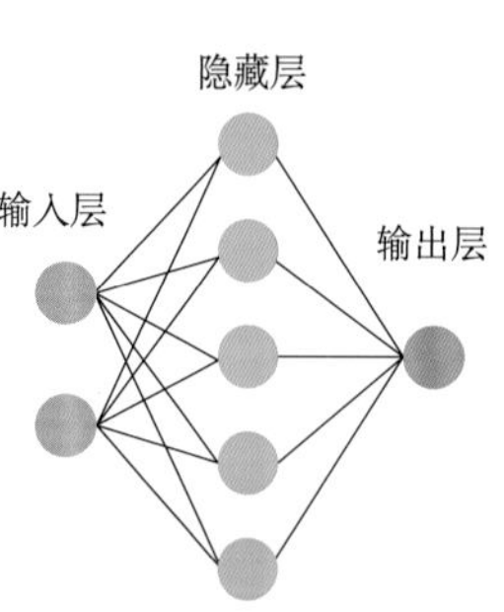

多层感知器是罗森布拉特感知器的扩展。如果以神经元来计算层数，一个多层感知器至少包含三层：一个输入层，一个隐藏层和一个输出层。而罗森布拉特感知器只有一层。

右图是一个三层多层感知器示意图，其中输入层包含两个神经元，隐藏层包含五个神经元，输出层包含一个神经元。

一般来说，多层感知器相邻两层之间的所有神经元都是互相连接的，因此也称为全连接网络。全连接网络是最通用的网络结构。然而，在很多实际应用中，数据往往具有特殊的属性。利用数据的特殊性构造结构独特的网络，往往会取得更好的效果。

◆ 卷积神经网络（CNN）☆

卷积神经网络的特点是后一层的每个神经元只与前一层的某一局部区域的少量神经元相连。如右图所示，第n+1层的每个神经元只与第n层的9个神经元相连接，而不是所有神经元。

第n+1层两个不同位置的神经元，它们在接收第n层输入时所使用的连接权重是一样的。这些“共享”的连接权重称为卷积核。

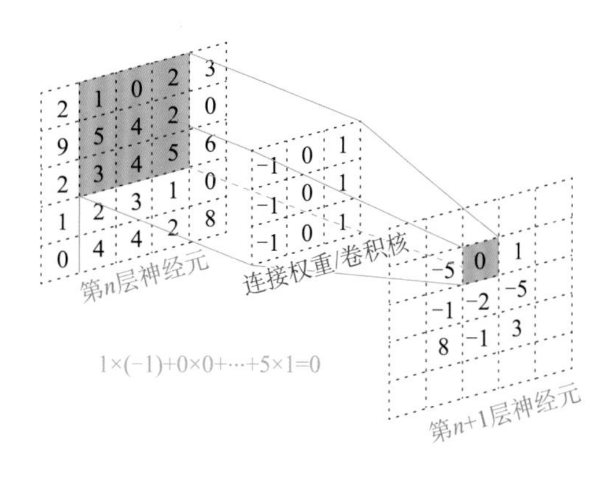

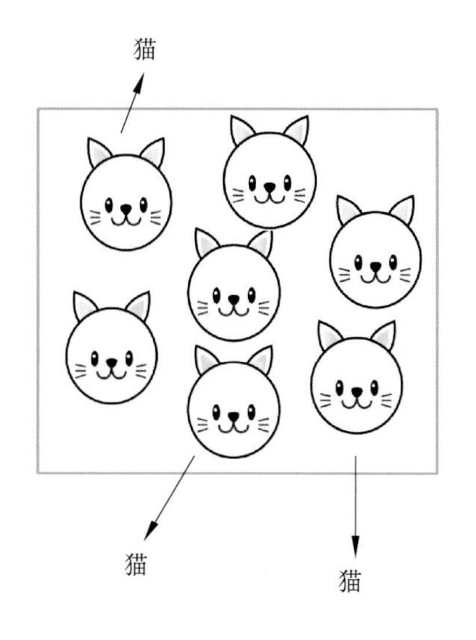

卷积神经网络特别适合提取局部的、具有空间不变性的特征。如左图所示的一张包含猫脸的图片，每张猫脸在整张图片中只占有部分区域，因此猫脸这一特征是局部特征。同时，不论猫脸在图片的什么位置，它都是一只猫，这称为空间不变性。

卷积神经网络正是基于图像的这些特殊性所做的特别设计。因为特征是局部的，所以在建模时只需要考虑部分连接，因为特征在空间上是不变的，所以不同位置所对应的连接权重是一样的。

◆ 循环神经网络（RNN）☆

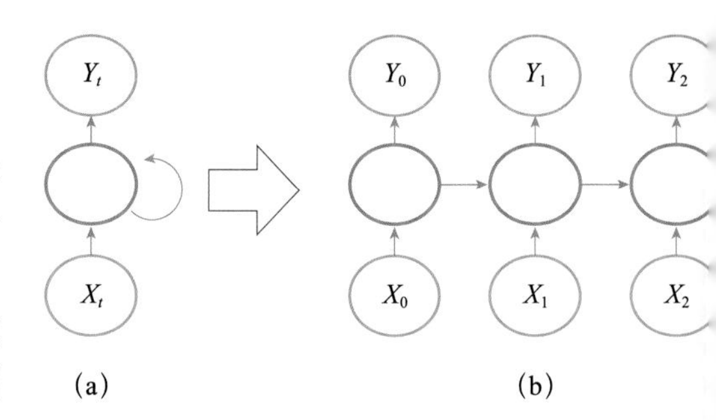

循环神经网络是包含环形连接的网络，如右图所示，隐藏层包含一个到自身的环形连接。这一特殊的连接将前一时刻的计算结果反馈到下一时刻，使得网络具有对历史的记忆能力。

如右图所示，将图（a）所示的网络连续运行三次，这一运行过程相当于图（b）所示的展开图。可以看到，因为存在环形连接，每次运行时上一时刻的隐藏层的状态将输入到下一时刻，这意味着每一时刻网络都在对历史输入进行积累。因此，循环神经网络具有记忆功能，网络的输出具有累积效应。

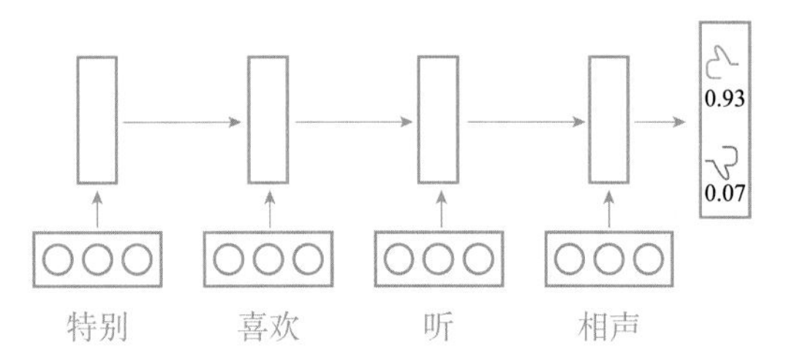

基于循环神经网络的记忆特性，这种网络特别适合处理成串的数据，如文本、语音等。左图是利用一个循环神经网络预测句子情感的例子。网络通过总结句子中每个词的含义来判断这句话的情感。例子中包含“喜欢”这一单词，因此表现出很强的正向情感。

◆ 自编码器（AE）☆

自编码器是另一种重要的神经网络结构。这一网络的中间层所包含的节点数要小于输入和输出层的节点数。这意味着输入数据在经过中间层时必然会有信息损失，因此这一层又称为瓶颈层。

瓶颈层的作用是选择那些最重要的信息，因此可以提取数据中的重要特征。右图中，瓶颈层保留了猫的轮廓，因为轮廓是恢复输入图片最重要的信息。

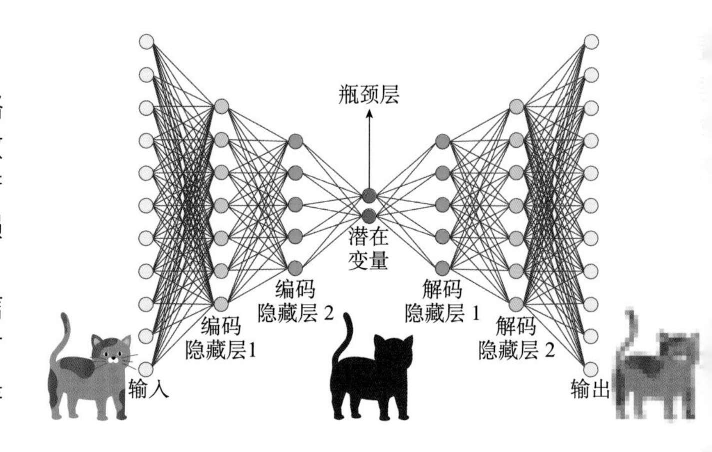

动动脑筋

卷积神经网络在图像处理任务上取得了极大成功，如区分物体的类别。思考一下成功的原因是什么？

讨论一下，循环神经网络是如何实现记忆功能的？为什么说这种记忆功能对成串的数据特别重要？

17 深度学习☆

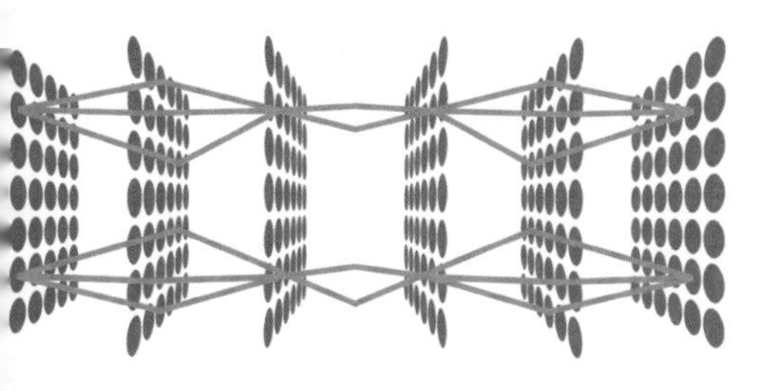

◆ 深度神经网络

神经网络是强大的计算模型。研究表明，即便是只包含一个隐藏层的简单网络，只要隐藏层节点足够多，就可以模拟任何连续函数。

一般来说，在参数量相同的前提下，层数更多的神经网络具有更强的学习能力。通常将包含两个隐藏层以上的神经网络称为深度神经网络。

基于多层模型结构的机器学习方法一般称为深度学习。虽然任何一种多层结构都可以用于深度学习，但是到目前为止，深度神经网络依然是应用最广泛的深度学习模型。

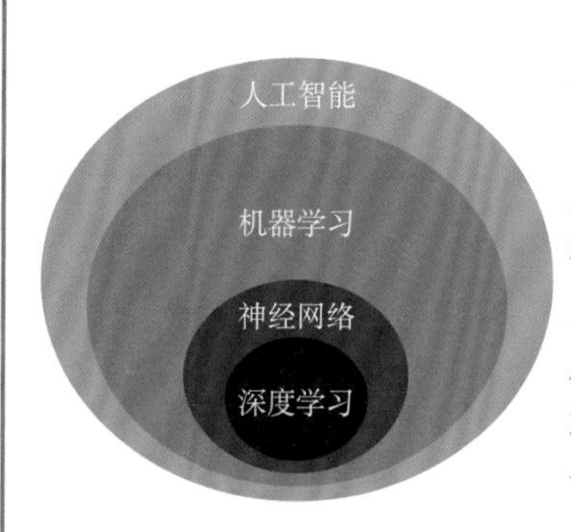

左图表示人工智能、机器学习、神经网络、深度学习等概念之间的关系。严格来说，深度学习可以基于非神经网络模型，然而目前绝大多数深度学习模型基于深度神经网络，因此通常认为深度学习是神经网络研究的一部分。

◆ 深度神经网络训练

深度神经网络虽然强大，但训练非常困难。如下图所示，一个深度神经网络的目标函数曲面可能非常复杂，而训练的目的是从某一个随机位置出发，在这一曲面上寻找一个最低点。显然，完成这一任务非常困难。

2006年，多伦多大学的杰弗里·辛顿提出了一种预训练方法，先训练浅层网络，再一层层叠加起来，最终得到深层网络。辛顿发现，通过这种预训练得到的深层网络具有比浅层网络更好的性能。

VGG56网络的目标函数曲面。曲面上每一点的位置代表网络参数，高度代表取该参数时目标函数的值。

在此之后，众多学者投入这一研究方向，深度学习成为人工智能最活跃的研究方向和代表性技术。

因在深度学习研究中的突出贡献，约书亚·本吉奥、杰弗里·辛顿、杨立昆共同荣获2018年图灵奖。

◆ 抽象特征学习：深度神经网络的秘密

深度神经网络之所以如此强大，是因为它可以通过层次性结构逐渐提取抽象特征。以下图所示
卷积神经网络为例，网络低层学到了一些简单的线条，高层学到了一些有代表性的图案。这说明网
可以逐层提取特征，越到高层学到的特征越具有全局性，意义越明确，代表性越强，这种特征称为“高
特征”。

有趣的是，深度神经网络的逐层处理方式和人类的信息处理方式很相似。例如，人们发现卷积神
网络的特征提取方式和人脑中的视觉处理过程有很强的相似性。

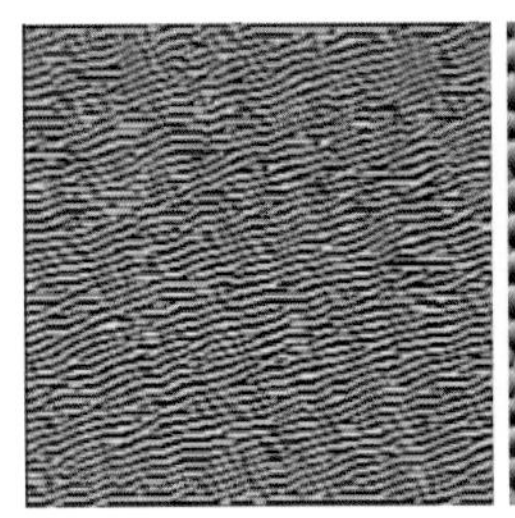  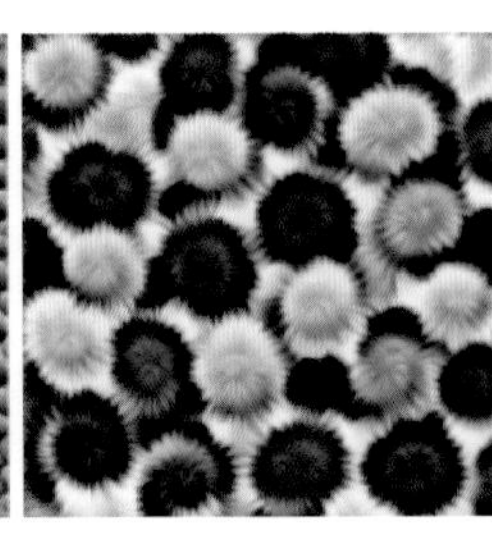  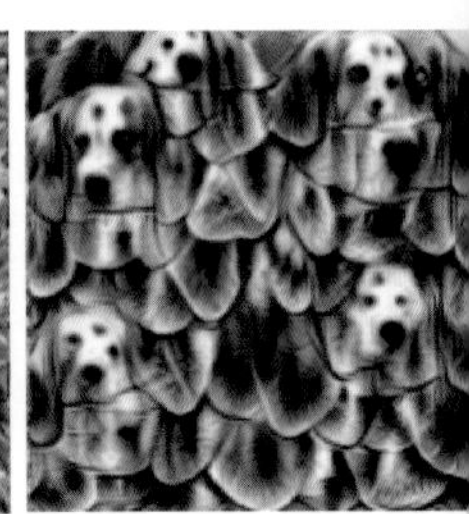

高级特征具有更强的不变性。以人脸识别为例，我们把一张
脸图片加入各种变动，如缩放、旋转、染色等，这时低层特征（如
条、纹理等）会发生显著变化，但人脸还是人脸，“人脸”这一高级
征并不会发生变化。这种不变性对人脸识别非常重要。

◆ 深度神经网络与现代人工智能

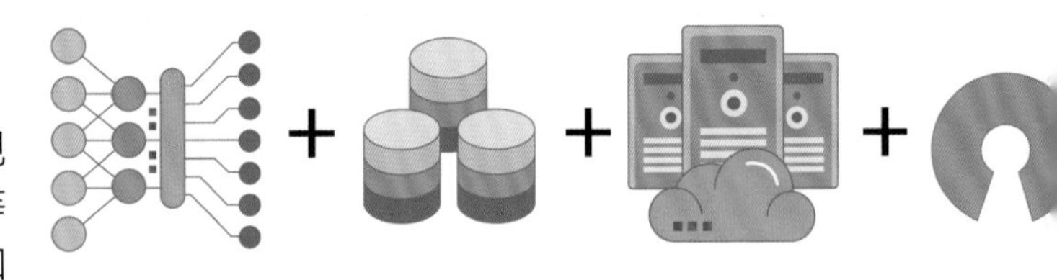

深度神经网络兴起之后，在机器视觉、机器听觉、自然语言处理、机器人等众多领域取得极大成功。现在我们知道，辛顿当初提出的预训练方法并不是必要的，只要数据量足够大，计算资源足够丰富，就可以成功训
一个强大的深度神经网络模型。从这个角度上看，与其说是深度学习多么强大，不如说是大量数据的
累和计算机性能的提高使得大规模机器学习成为可能。

最后，资源共享成为研究界的共识，出现了大量公开的代码、数据和论文。这些共享资源的出现
大促进了技术交流与进步，为当前人工智能浪潮打上了独特的历史烙印。

动动脑筋

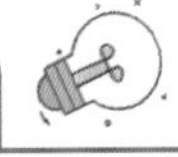

在第3节中，我们学习到合作是人类智能开始飞跃的起点。当前深度神经网络的发展也离不开合作与共享。这对你的学习有什么启发？

你能猜出上图中的图标各自代表什么意思吗？

18 深度学习前沿☆

◆ 深度学习进展

近年来，深度学习在基础理论、模型结构、训练方法等方面都取得一系列重要成果，这些成果时刻在重塑我们对深度学习模型以及整个机器学习方法的认知。

我们选择几个重要技术方向进行介绍，这些知识将用在本书的后续内容中。

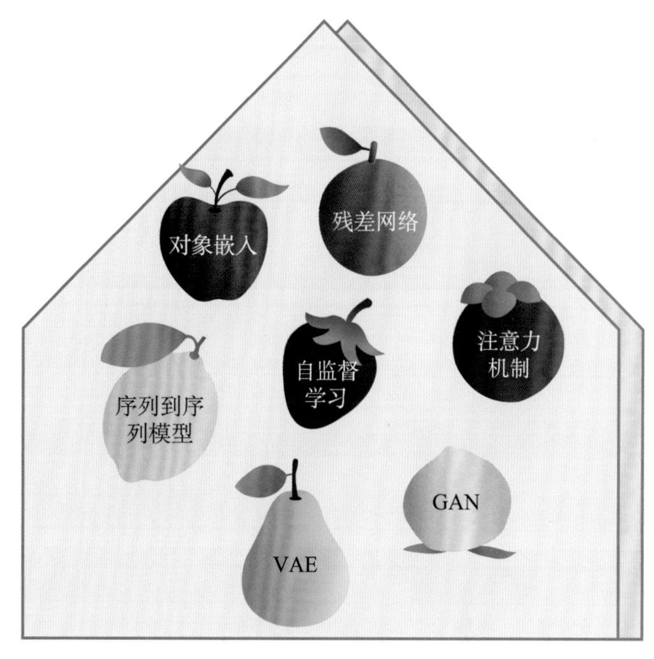

◆ 极深网络学习

研究者发现，网络越深，深度神经网络的性能越好。然而，过深的网络训练相对困难。为了解决这一问题，研究者提出了很多方法，其中残差网络具有重要意义。

所谓残差网络，简单地说是包含跨层连接的网络。跨层连接将主要信息直接传递过去，网络只需学习缺失的信息即可，这部分信息称为残差。

残差网络的一个重要特性是训练时的误差信号可以通过残差连接直接回传到网络低层，可极大提高训练效率。2015年，研究者利用一个多达152层的残差网络，在图像分类任务中一举超过了人类的标注精度。

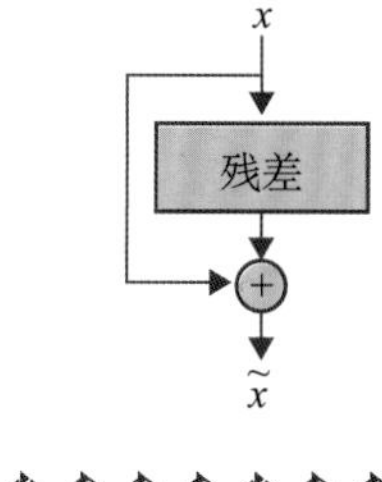

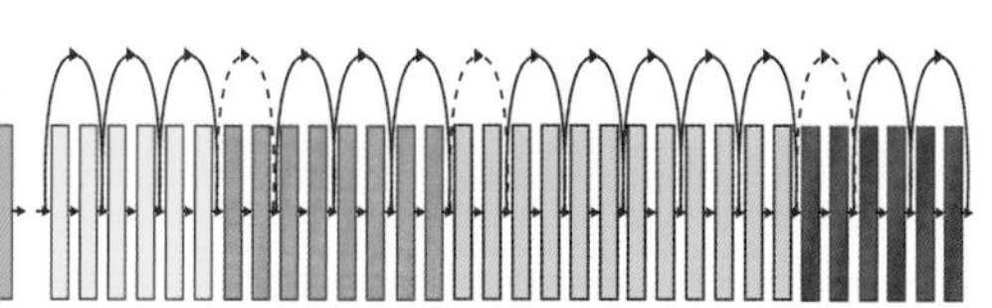

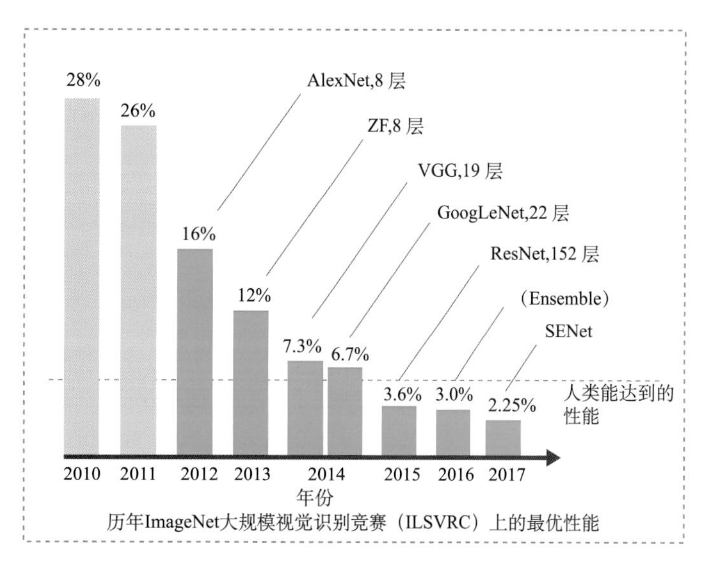

历年ImageNet大规模视觉识别竞赛（ILSVRC）上的最优性能

◆ 词向量

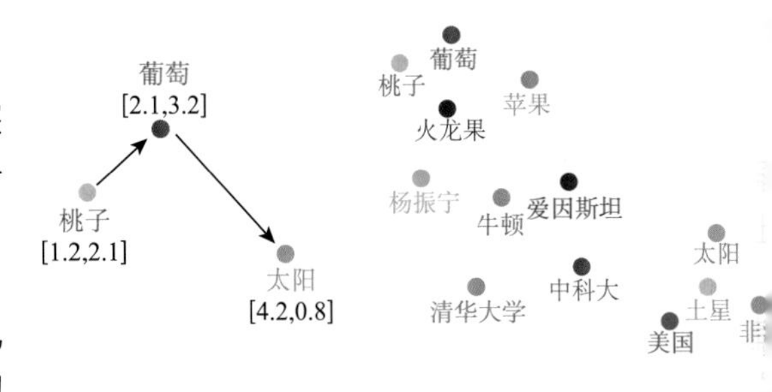

自然语言中词与词之间的语义关系很难表示。深度学习兴起以后，研究者提出用词向量来解决这一问题。

所谓词向量，是给每个单词设定一个连续向量，如把葡萄表示成[2.1,3.2]，把桃子表示成[1.2,2.1]，把太阳表示成[4.2,0.8]。学习的目标是使得语义相关的单词距离更近，不相关的单词距离更远。

如右图所示，葡萄和桃子都是水果，因此离得比较近，但它们都和太阳离得比较远，因为后者是天体，和水果关系不大。

◆ 对象嵌入

受词向量启发，研究者提出各种对象嵌入技术，用连续向量来表示各种对象，如人脸、发音人等。对象嵌入技术为复杂对象的神经网络建模奠定了基础。

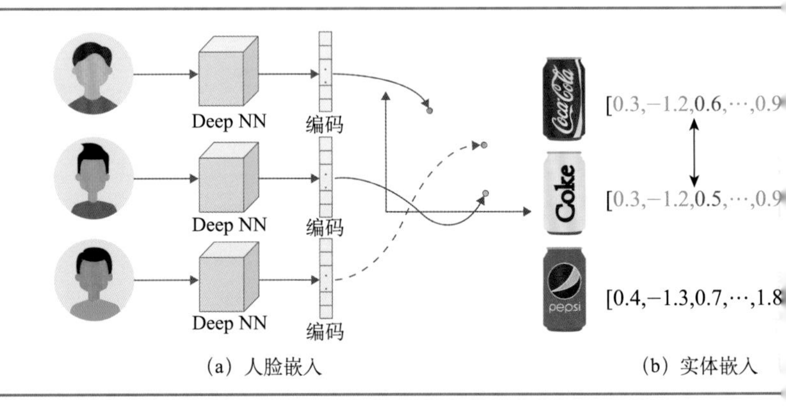

(a) 人脸嵌入 (b) 实体嵌入

◆ 序列到序列模型

很多人工智能任务可以归结为从一个序列（源序列）到另一个序列（目标序列）的转换任务，如机器翻译。深度学习的研究者们提出一个非常简洁的模型：将源序列用一个神经网络编码器压缩成一组编码向量，再用一个神经网络解码器从这组向量中恢复出目标序列。这一方法在机器翻译领域取得极大成功。

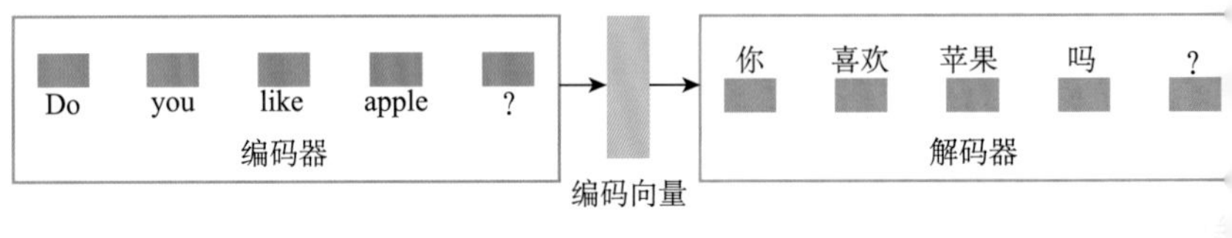

江雪
Fishing in Snow
柳宗元
Liu Zongyuan
千山鸟飞绝，(PPZPZ)
From hill to hill no bird in flight,
万径人踪灭。(ZZPPZ)
From path to path no man in sight.
孤舟蓑笠翁，(PPPZP)
A lonely fisherman in a boat,
独钓寒江雪。(ZZPPZ)
Fishing on river clad in snow.

序列到序列模型确立了编码-解码这一基础学习框架，众多机器学习任务都可以归入这一框架中。例如，语音识别是语音序列到文本序列的转换，图像分割是原始图像到分割图像的转换。类似的任务还包括通过一幅画作一首诗，或者从一种字体生成另一种字体。

光影彩蛋

什么是词向量？

什么是序列到序列模型？

◆ 注意力机制

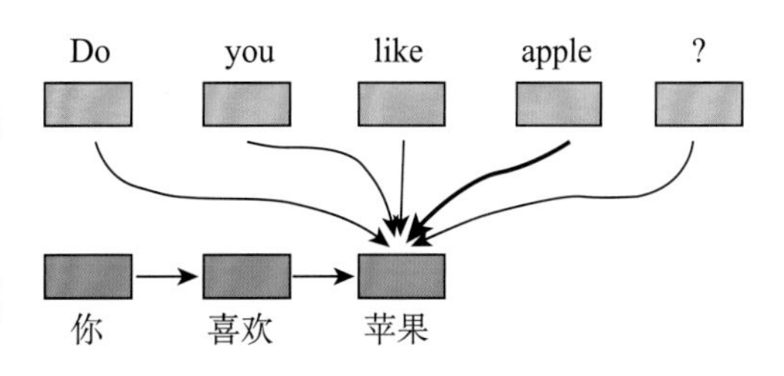

序列到序列模型有个明显缺陷：当输入序列较长时，编码器难以将所有语义信息记录在编码向量中，导致解码出错。

研究者提出注意力机制解决了这一问题。如右图所示，编码器保留整个输入序列，在翻译“苹果”时，会重点关注英文单词apple。

这一机制类似人类处理序列问题的行为方式。例如，在语言翻译过程中，我们会一边翻译一边关注输入句子中的不同单词，尽量把句子的完整意思都翻译出来。因此，这一机制称为注意力机制。

◆ 自注意力与上下文建模

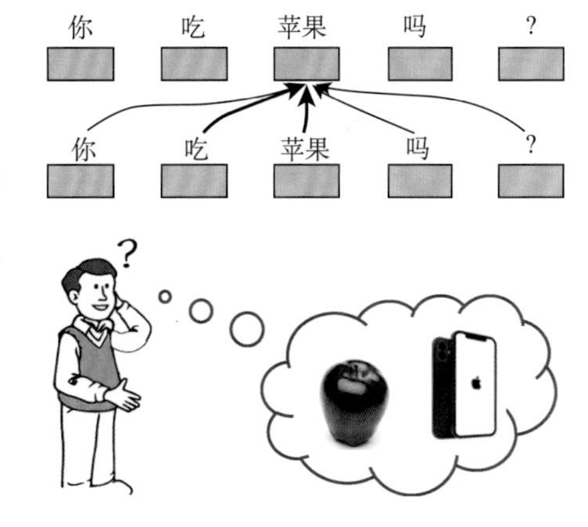

在序列数据中，同一个单词在不同上下文中的意义是不同的。如“吃苹果”中的“苹果”和“苹果手机”中的“苹果”显然是不同的。

为有效处理上下文信息，研究者提出自注意力机制。如右图所示，决定“苹果”上下文的是“吃”，表明这个“苹果”是水果，而不是电子设备的“苹果”。因此，当对应到“苹果”时，注意力机制给“吃”赋予相对较大的权重。

◆ 自监督学习

深度学习需要大量数据，然而标注数据需要花费大量人力成本和时间成本。自监督学习借用监督学习的模型形式和训练方法，但标注信息不是人来提供，而是通过数据本身自动生成。

如下图所示，学习任务是从乱序后的老虎图片还原出原图片。由于乱序后的图片是从原图片自身生成的，因此不需要人为标记。

利用自监督学习，可以获得稳定的初始模型，从而极大降低相关学习任务的难度。

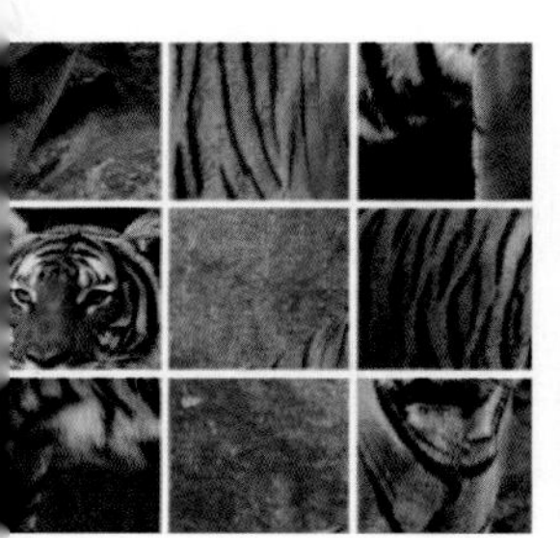

◆ 对抗生成网络

近年来，深度学习在生成任务上也取得了极大成功，可以生成逼真的人脸、流畅的文章、优美的音乐……

对抗生成网络(GAN)是一种典型的深度生成网络。它包含一个生成器和一个判别器。判别器的任务是尽可能区分生成的假数据和真实数据，而生成器的任务是尽可能逃避判别器的检查，让判别器分辨不出真假。

GAN的学习方式类似于一个在学画画的学生，画完之后交给教师，让教师判断是学生画的还是真的历史名画。学生越画越精，教师的鉴赏能力也越来越高，到最后已经成为专家的教师都无法把学生的画和历史名画区分开，那么学生的作品肯定是达到了极高的水平。

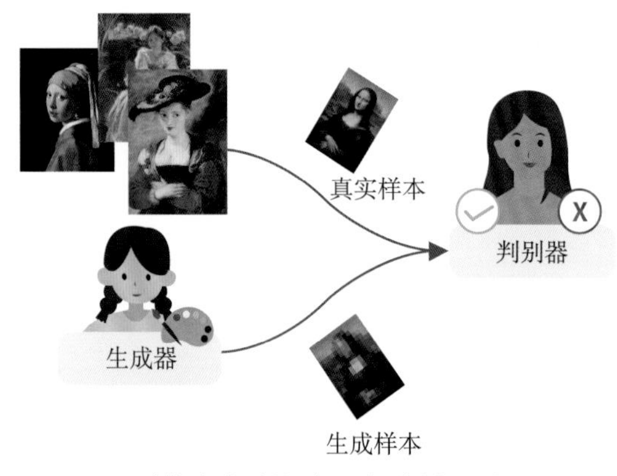

对抗生成网络（GAN）的原理图

由 GAN 生成的高清晰自然图片

◆ 变分自编码器

变分自编码器(VAE)是另一种典型的深度生成网络。如右上图所示，输入数据经过编码器q得到编码z，再经过解码器p恢复出原始数据。

VAE和自编码器(AE)的结构是一样的(见第16节)。不同的是VAE的编码更受约束，因此可用于数据生成。

右下图是DeepMind公司用VAE生成的人脸照片。

动动脑筋

在词向量模型中，训练的目的是使相关的词离得更近，不相关的词离的更远，其中“相关性”是按语义上的远近来判断的。假设我们要对下列领域中的对象做嵌入，该如何定义对象的相关性？①动物园里的动物；②抖音中的视频；③京东商城中的商品；④大学里的教授。

思考一下，序列到序列模型为什么难以处理过长的数据？注意力机制是如何解决这一问题的？

19 大模型时代

◆ GPT：大语言模型的开端

2018年，OpenAI的研究者用Trans-former作为骨架来训练语言模型，取得了极大成功。所谓语言模型，简单来说，就是一句话后面可以接什么词，即文字接龙。例如下面的填空题：

妈妈去菜市场给我们买了(　　)。

A.太阳 B.风筝 C.苹果 D.一头雾水

熟悉汉语的人都知道正确的答案是选项C。语言模型的工作就是这种文字接龙的游戏。

传统语言模型只能往前看几个词，如"我们买了"，这时选项B、选项C都是可能的。有了Transformer，就可以往前看很多词，从而提高了对语义的整体理解能力。在本例中，当看到前面所有文字后，语言模型就会确认只有选项C是正确的。

◆ 强大的 Transformer

2017年，谷歌的研究者提出了一种称为Transformer的模型。Transformer的中文翻译是"转换器"，意思是这种新模型可以实现灵活而强大的信息处理与转换能力。

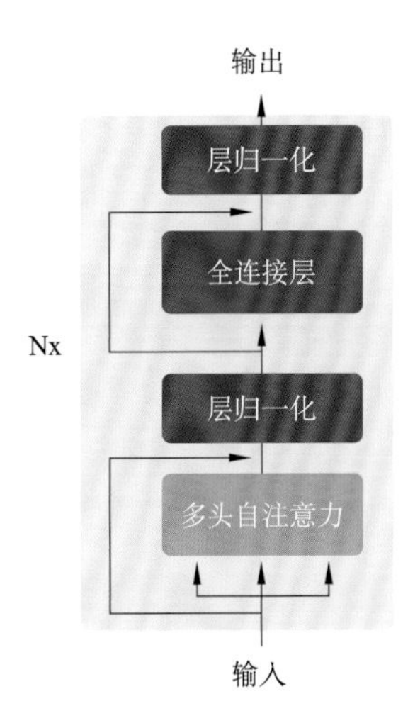

如右图所示，Transformer模块的核心是一个称为"多头自注意力"的结构。前面讨论过，自注意力可以对上下文信息进行筛选和提取。多头自注意力扩展了这种能力，从多个角度提取上下文信息，使语义在上下文的帮助下更加清晰。

例如，对于"你吃苹果吗"中的"苹果"，以动作为属性提取到"吃"的语义，从而知道了"苹果"是可吃的水果而不是电子产品的"苹果"。同时，对于"吃"来说，以名词为属性提取到"苹果"的语义，因此是真正的吃，而不是吃惊的吃或口吃的吃。

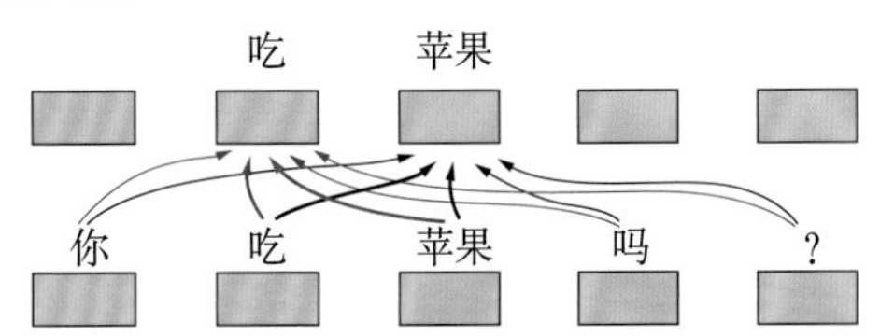

Transformer 包含多层自注意力结构，层与层之间通过全连接网络进行连接。这样的层次结构使得语义信息一步步清晰起来，从而实现对语言的有效理解。

OpenAI将他们的新模型取名GPT。作为一个语言模型，GPT可以用文字接龙的方式重复生成下一个词，从而生成一句话、一个段落、一篇文章。让人震惊的是，当用大量数据对GPT进行训练后，它可以生成质量极高的内容。下面是GPT生成的一段小说。

一日，天界与人间的交界之处，云雾缭绕，风云突变。孙悟空与李逵在一座荒芜的古战场上偶然相遇，这座战场见证了无数古代英雄的较量，今日又将上演一场史诗对决。孙悟空，用他的如意金箍棒一挥，声势浩大，天空中雷声大作。他的眼中闪烁着战斗的兴奋，因为他知道李逵力大无穷，绝非等闲之辈。

◆ 大语言模型（LLM）

GPT的成功受到极大关注，包括OpenAI，清华大学、谷歌、Facebook等大学和公司投入到相关研究中。特别是2022年年底，以ChatGPT为商用名的GPT3.5版本发布以后，大语言模型（LLM）开始广为人知。

一个重要的发现是，大语言模型的性能和模型大小、数据量、计算消耗成比例增长，这一结论称为尺度定律。有趣的是，当模型规模和训练数据达到一定程度之后，LLM就好像突然开窍了一样，不仅原有的能力增强了很多，还出现了许多新能力，特别是复杂推理能力和融合创新能力。这种现象称为“涌现”。

在尺度定律的激励下，各研究机构推出的模型越来越庞大。以GPT为例，2018年GPT-1的训练数据量只有40GB，参数量为1.17亿个，语言模型的上下文长度为512个Token（每个Token约为1～2个汉字）。6年以后，当前最新的GPT-4o版本，据估计文本训练数据量超过45TB（过滤前），外加数十万小时时长的音视频，模型参数量达到1.8万亿个，语言模型的上下文长度达到12.8万个Token。

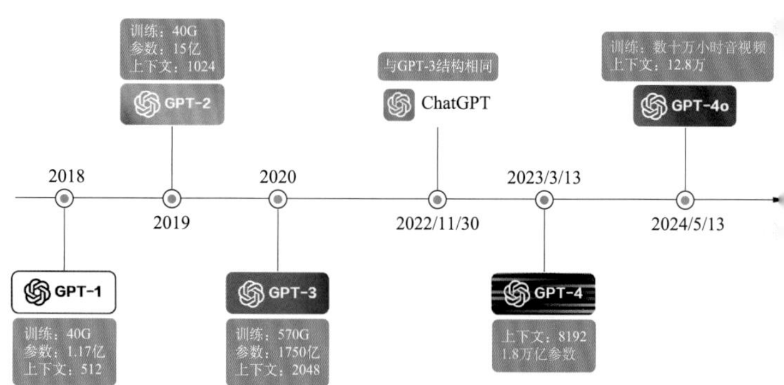

GPT 模型的演进。注意图中黄色字体显示的是估计值

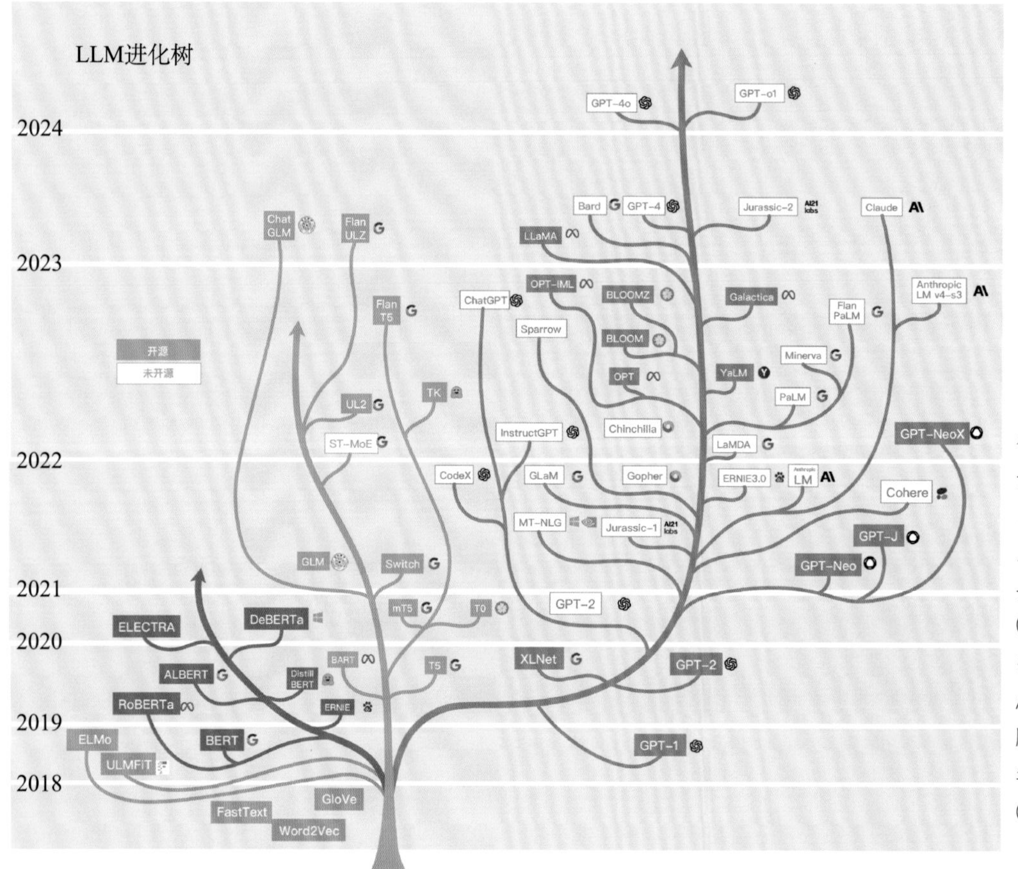

目前国内外参与大模型研究开发的机构众多，只中国就有几十家。当前主要的大模型包括OpenAI的GPT系列，谷歌的Gemini，Anthropic的Claude，Meta的LLaMA，清华大学团队的ChatGLM、Kimi等。

◆ 大语言模型：简单而强大

本质上，大语言模型非常简单，它唯一的任务就是文字接龙。然而，当模型足够大、训练数据足够多时，这种简单的文字接龙可以让LLM“吐出”非常丰富的内容，如和人顺畅地聊天，分析问题并提出解决建议，甚至回答脑筋急转弯。

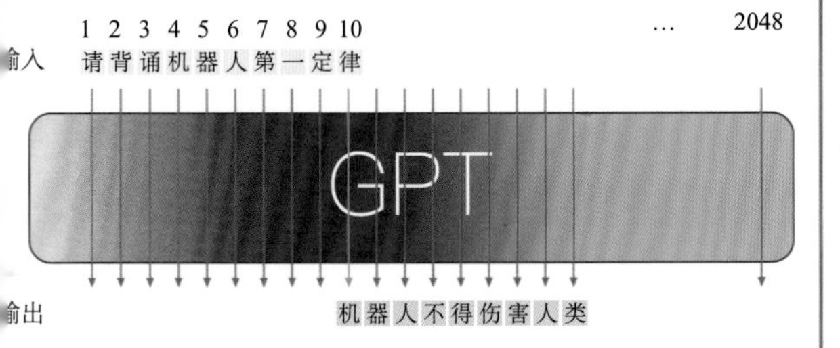

聊天与创作

我：天苍苍，野茫茫，两只狗狗装绵羊，这首诗怎么样？

LLM：这首诗语言简练，意境优美，是一首很不错的诗。

我：你能不能给我写一首类似的诗？

LLM：好的。天苍苍，野茫茫，三只小羊排成行。

我：请不要用“天苍苍，野茫茫”，自己做一首。

LLM：好的。花纷纷，雪茫茫，三只小羊排成行。

讨论与建议

我：北京堵车有什么办法解决吗？

LLM：可以增加公共交通，优化道路设计，允许错峰出行等。

分析与推理

我：小明爸爸的爸爸的孙子也叫小明，为什么？

LLM：小明爸爸的爸爸是小明的爷爷，爷爷的孙子就是小明自己。因此，这是正常的。

脑筋急转弯

我：小明没带伞，却没有淋湿头发，为什么？

LLM：因为小明没有头发。

◆ 提示词与示例

LLM的工作原理是在用户输入内容的基础上进行文字接龙，因此用户的输入就决定了生成的内容。用户的输入被称为Prompt，中文一般翻译成提示词。

详细、贴切的提示词可以得到更符合需求的结果。特别是，如果让GPT知道自己的角色，它所生成的内容将更具有一致性和针对性。例如，一位科学家和一名幼儿园小朋友写“会飞的房子”显然是不一样的。

我：你是位科学家，写一篇50字的短文，描述一个会飞的房子。

LLM：在高效能源与反重力技术的驱动下，会飞的房子悬浮于空中，自主航行。它们配备智能导航系统，可避开恶劣天气，追随阳光和清新空气，让居住环境随着人类需求动态变化。

我：你是名幼儿园小朋友，写一篇50字的短文，描述会飞的房子。

LLM：我家房子会飞！像大鸟一样，在天空飘呀飘。窗外是云朵和小鸟，飞到哪里都有新风景。晚上星星陪着我们睡觉，好像住在天空里的小城堡！

一个重要的发现是，如果给LLM一些例子作为提示词，模型也能明白用户的意图。如下图所示，当看到不同示例之后，LLM理解的任务也不同。目前，收集、利用示例已经成为提高大模型性能的基础做法。

我：拿来-Bring；关闭-Close；增加-

LLM：Add

我：拿来-食物；关闭-窗户；增加-

LLM：收入

我：拿来-带走；关闭-打开；增加-

LLM：减少

◆ 思维链

人在求解比较复杂的问题时，都需要一个思考的过程，这就像我们小时候做应用题，老师不仅会让你写出答案，还会要求你把演算步骤写清楚。

大模型也是这样，让它直接写出答案来可能会出错，但如果明确告诉它把思考过程一步步写出来，正确率就会高很多。这种分步骤解决问题的过程称为思维链。

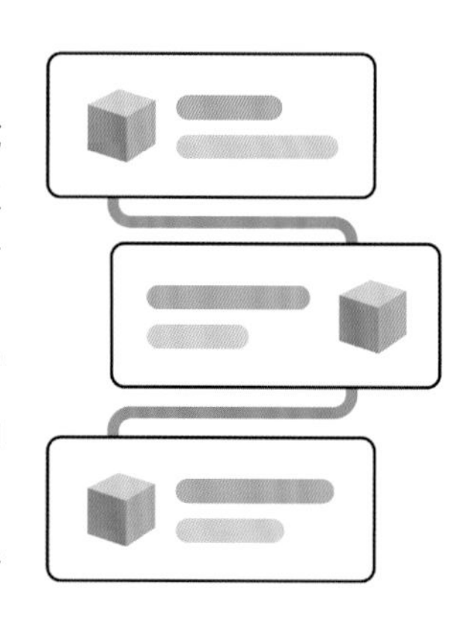

思维链可以提高对复杂问题的解决能力，如数学、逻辑推理等。这些问题不是一眼就能看到结果的，需要一个细致的思考过程。

答：小东和小红一共吃了 $\frac{2}{8}+\frac{4}{8}=\frac{2+4}{8}=\frac{6}{8}$

一共吃了$\frac{6}{8}$、八分之六。

还剩 $1-\frac{6}{8}=\frac{8}{8}-\frac{6}{8}=\frac{8-6}{8}=\frac{2}{8}$

所以还剩余八分之二。

我：科比和乔丹是否来自同一个国家？直接回答。

LLM：不是。

我：请逐步思考后再给出答案。

LLM：科比·布莱恩特（Kobe Bryant）来自美国，出生于宾夕法尼亚州费城，而迈克尔·乔丹（Michael Jordan）也是美国人，出生于纽约州布鲁克林区。因此，科比和乔丹都来自同一个国家，即美国。

◆ 思维链设计

对一些特别复杂的问题，用户也可以指定解决问题的步骤，让大模型按照这个步骤解题，就像小时候老师教导我们如何做题一样。

我：3个人3天喝了3桶水，请问9个人9天喝了几桶水？请先进行思考，然后一步一步地分析，最终给出正确答案。

1. 你需要先计算出3个人1天喝了多少水。

2. 计算出1个人1天需要喝多少水。

3. 结合1和2的结果，计算出9个人9天需要喝多少水。

LLM：好的，我们一步步来解决这个问题。

1. 首先，3个人3天喝了3桶水，因此3个人1天喝了1桶水。

2. 3个人1天喝了1桶水，因此1个人1天喝了1/3桶水。

3. 最后，9天9个人一共喝了1/3 × 9 × 9 = 27（桶）。

因此，9个人9天喝了27桶水。

◆ 思维链示例

思维链也可以用示例的方式展示给大模型。这种方式对用户来说更简单，特别是那些很难总结出具体步骤的问题，用示例更直观。

我：石颖有5个羽毛球，他又买了2桶羽毛球，每桶10个，石颖一共有多少个羽毛球？

LLM：每桶10个羽毛球，那么2桶羽毛球一共10×2=20（个），再加上原来有5个，20+5=25（个），石颖一共有25个羽毛球。

我：蓝天做了8块牛肉饼，石颖来吃掉了2块，蓝天又做了5块，文强又来了，吃掉了3块，现在还有多少块牛肉饼？

LLM：蓝天做了8块牛肉饼，石颖来吃掉了2块，8−2=6（块）。蓝天又做了5块，6+5=11（块）。文强又吃掉了3块，11−3=8（块）。因此现在还有8块牛肉饼。

动动脑筋

选择一种你熟悉的大语言模型，对比不用思维链和使用思维链的效果。设计的内容应覆盖数学、事件、关系等需要多步推理的场景。

◆ 大语言模型为什么这么强大?

首先,LLM的Transformer结构具有强大的长序列建模能力。这一结构可以充分利用上下文信息让每个词、每个句子的语义清晰化,从而实现某种意义上的理解。这种“理解”是机械的,很可能不是人类的理解方式,但它确实实现了对语义的掌握。

第二,对语言的理解让机器获得了打开人类知识宝库的钥匙。人类知识是以文字形式保存下来的,文字中不仅包含了人的各种知识总结,也有人类的思考过程、行为方式、喜怒哀乐。通过学习这些信息,机器有可能表现出类似人类思考问题的能力和处理问题的方式。

◆ 大语言模型的手和脚

大语言模型很强大,但它只能输出文字,不会对物理世界产生直接影响。这就像我们的大脑,只会产生想法,但要行动起来,还需要有手和脚。

给LLM安装手和脚并不困难,只需要把外部设备的程序接口告诉LLM,它就可以通过生成程序来控制这些设备,就像我们的大脑通过神经信号来控制四肢一样。

最近,微软的研究者就实现了用LLM来控制无人机,用户只需要说出任务目标,LLM就可以把目标分解成行动步骤,生成程序并交给无人机执行。

◆ 大语言模型幻觉

大语言模型很强大,但也经常犯错,而且不知道什么时候会犯错,这种现象称为幻觉,就好像学得太多学“迷糊”了一样。

早期的模型经常犯这种“迷糊”,不仅错得千奇百怪,而且一本正经、引经据典地犯错误。近年来,随着技术的进步,LLM的错误少了很多,但也更加隐蔽,让人防不胜防。因此,对LLM的回答不能轻信,需要仔细确认。

我:中国在位最久的皇帝是谁?
ChatGPT:中国历史上在位时间最久的皇帝是明成祖朱棣。他在位时间长达54年,从1398年到1449年。
我:不对,你再想想?
ChatGPT:对不起,我错了。中国历史上在位时间最久的皇帝是赵匡胤,他是明朝末期的皇帝,在位时间长达44年,从1620年到1664年。
我:你还是没说对啊……

我:清华的校歌是什么?

ChatGPT:

作词:吴宓 作曲:萧友梅

西山苍苍/东海茫茫/吾校庄严/巍然中央
东西文化/荟萃一堂/大同爰跻/祖国以光
莘莘学子/来赴沧海/桃李芬芳/薪火相传
自强不息/厚德载物/巍巍清华/万世其昌

真正的清华校歌

作词:汪鸾翔 作曲:张丽珍

西山苍苍/东海茫茫/吾校庄严/岿然中央
东西文化/荟萃一堂/大同爰跻/祖国以光
左图右史/邺架巍巍/致知穷理/学古探微
新旧合冶/殊途同归/肴核仁义/闻道日肥

◆ 扩散模型与图像生成

Transformer在视觉领域也取得了成功。早期的方法类似于大语言模型中的“文字接龙”，只不过在图像里接龙的是像素而不是文字。

近年来，研究人员多采用一种称为“扩散模型”的方法。这一方法的基本思路是：凡是看起来合理的图片会集中在图像空间中的某一子区域，如下图的黄色曲面。凡是在这一曲面上的图像就是合理的，否则就是散乱的。

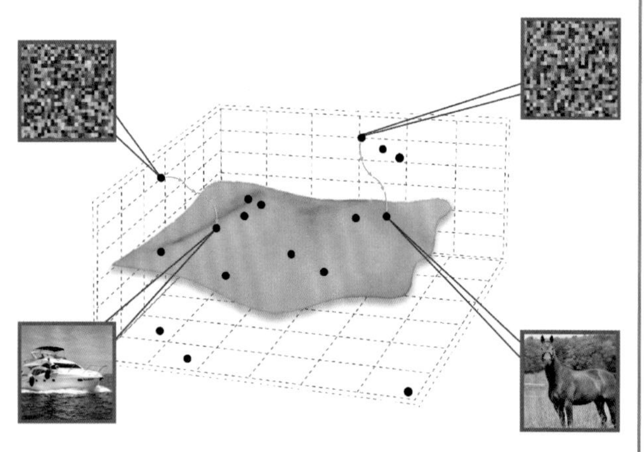

扩散模型从一幅散乱的图片开始，对其去除噪声，一步步引导到黄色曲面上，就生成了一张逼真合理的图片。

利用扩散模型生成一幅清晰图片的过程

◆ Sora

如果我们把视频看成一张三维图片，同样可以采用扩散模型方法，一点点去除噪声，最终得到逼真的视频。

2024年年初，OpenAI发布了一款称为Sora的视频生成系统，使用的就是这种方法，只不过视频的数据量要比图像大很多，需要一些特殊的设计，比如对视频进行压缩编码等。

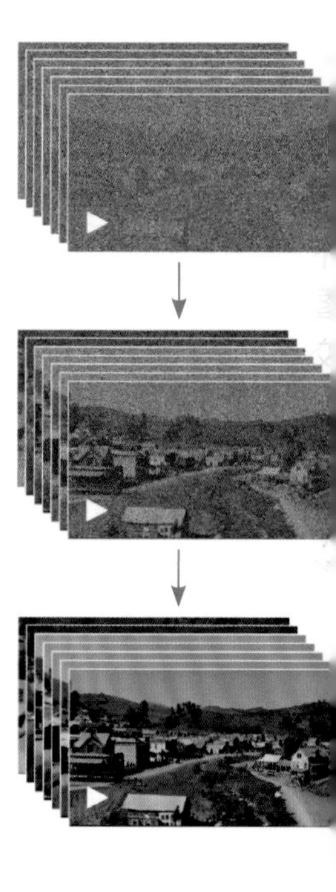

与LLM实现了对语言的某种“理解”一样，图像和视频的逼真生成意味着大模型也可以“理解”我们周围的世界。有趣的是，对语言的理解和对视觉的理解是可以对应起来的，因此可以用语言来控制图像和视频的生成，产生奇幻的效果。

◆ 多模态大模型

近年来，多模态大模型发展迅速。例如，OpenAI在2023年推出的GPT-4不仅可以接受文本输入，还可以接受图像输入，以“看图说话”的方式与人交流。

不仅如此，GPT-4在专业考试上的性能也极为突出，在很多考试上甚至可以超过大多数人类应试者。

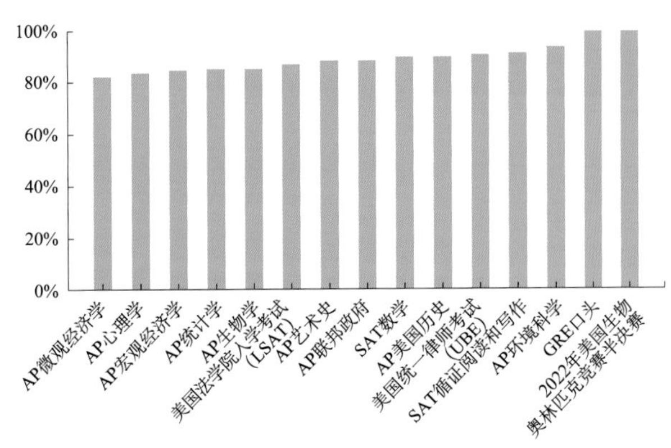

GPT-4在专业考试中成绩所占的百分数，即超过了百分之几的参赛者
SAT-美国大学入学能力测试；AP-美国大学预科；GRE-美国研究生入学考试

我：描述一下图片中的场景。

GPT-4：这张图片展现了一个宁静、艺术气息浓厚的庭院场景。场景的焦点是一个架在门口的画架，画架上放置着一幅正在创作的花卉油画。画中描绘了几朵粉色的剑兰花，背景采用了淡绿色和蓝色的柔和色调，给人一种清新、宁静的感觉。

在画架左侧的花园里，有几株盛开的粉色剑兰，似乎是画中花朵的原型。花园里还种有其他绿色植物，形成一种自然、随意的布置。右侧可以看到一段绿色的木质栅栏，栅栏的尽头隐约能看到一朵紫色的小花。

整个场景充满了生活气息，结合了艺术创作和自然元素。画架、植物、石墙和温暖的灯光营造出一种静谧、富有情感的氛围，仿佛这是一个画家在自家庭院中进行艺术创作的瞬间。

◆ GPT-4o

2024 年 5 月，OpenAI发布GPT-4o，在GPT-4的基础上实现了语音和视频实时交互功能。

GPT-4o可以像真人一样与人聊天，甚至参与到多人对话中去。它可以倾听问题，给出建议。它具有视觉能力，可以看到周围的环境，分析和理解周围正在发生的事情，做出应对。

开发者已经设计了很多GPT-4o的应用场景，比如作为盲人的眼睛给盲人引路，作为AI教学助手用于自学或答疑，作为AI医生回答医疗咨询，作为心理治疗师缓解焦虑，辅助装潢设计或艺术创作，用于练习面试技巧、商量晚餐内容等。

多模态大模型是大语言模型的延伸，其强大的能力很大程度上应归功于大语言模型的信息处理能力。就像我们的视觉和听觉系统一样，听到声音、看到图像并不能算多么智能，只有经过大脑处理后，能够听懂语言、看懂内容，这样才是真正的智能。

光影彩蛋

大语言模型为什么胡说八道？

Sora 能理解世界吗？

20 深度学习面临的挑战

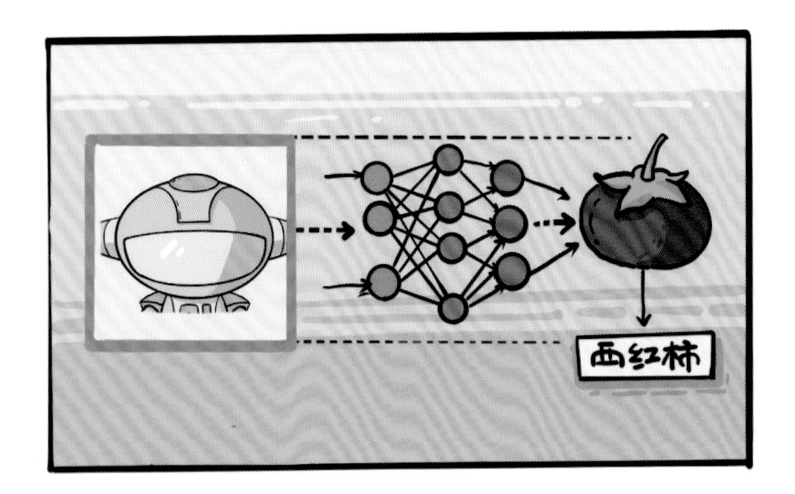

◆ 成功与挑战

深度学习自2006年开始起步，2011年以后形成热潮。十多年过去了，深度学习已经取得了一系列重大成果，深刻改变了我们对人工智能边界的认知。今天，深度神经网络依然是人工智能领域最重要的模型。然而，这一模型的一些弱点也逐渐为人们所认知。

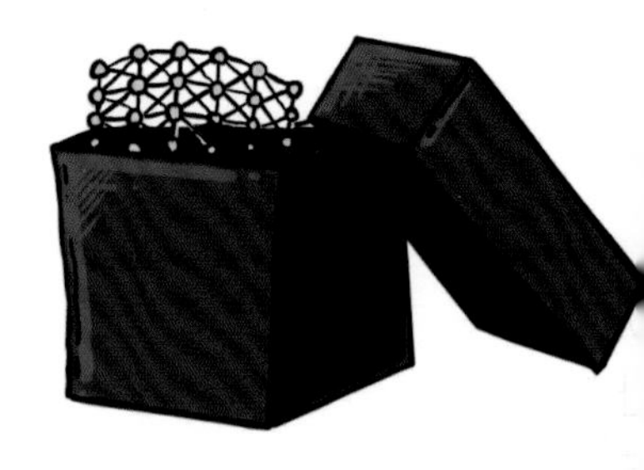

深度神经网络让人担心的问题至少有两个：一是复杂网络本身是个黑箱，无法呈现内部结构和原理，导致可解释性缺失；二是广泛存在的对抗样本，使得网络输出难以信任。这两点使得深度神经网络模型超出了人类的可控范围，因而在关键任务中难以应用。

◆ 可解释性问题

缺少可解释性是所有复杂机器学习模型的通病，越复杂的模型，可解释性越差。右图是若干机器学习模型的性能与可解释性的关系。

神经网络中包含数量庞大的神经元，这些神经元互相配合，共同得到合理的预测或生成结果。然而，这些神经元是如何互相配合的，到目前为止还很难厘清。后果是，不论是人还是机器，都无法解释神经网络的预测或生成结果是如何得到的。

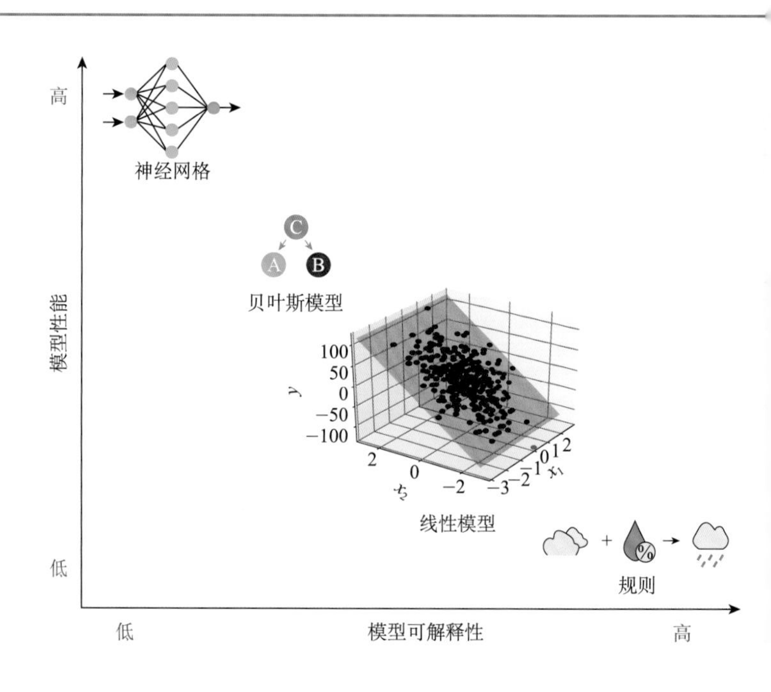

◆ 对抗样本

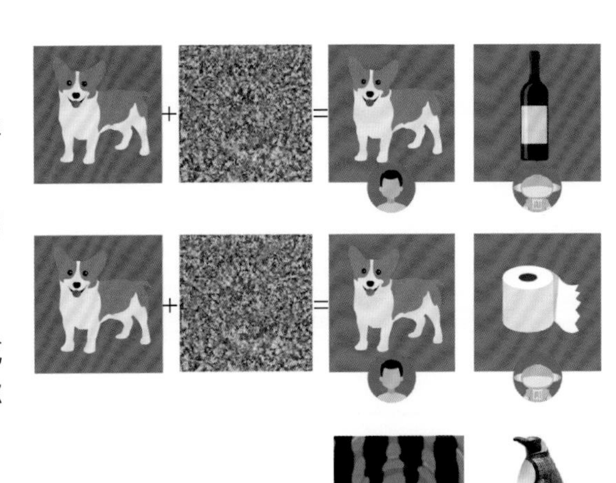

2013年，来自Google、纽约大学和Facebook的研究者发现，深度神经网络其实非常脆弱，给它一张图片，通过对图片进行一些微小的扰动，将使神经网络的输出发生显著变化。

如右图所示，在一幅狗的照片上加入一些扰动之后，人眼看不出区别，但神经网络将它识别成了“红酒”或“厕纸”。这些人眼无法察觉，但可以骗过机器的样本称为对抗样本。

研究者们进一步发现，对人来说毫无意义的图片有可能被机器非常自信地识别成某种东西。如右图所示，两幅人眼看起来毫无意义的图片被神经网络分别识别成了企鹅和运货车。这些图片同样是对抗样本。

对抗样本的存在意味着人类所看到的世界和机器所看到的世界可能是不同的，如果不考虑这种差异，有可能会带来极大风险甚至灾难。

◆ 对抗攻击与防范

对抗样本的存在使深度学习模型面临被攻击的风险：只要故意加入一点噪音，人无法察觉，却很容易骗过机器。右图中，研究者在“停止”标识上添加了一些黑白块，就轻松骗过了机器。在语音识别任务中，研究者也发现在声音中加入一些人耳听不到的变动，即可让语音识别引擎输出任意文本。

为防范对抗样本攻击，研究者已经进行了大量研究。然而，对抗攻击本身的算法也在改进，如何防范对抗样本带来的风险依然是一个重要的研究课题。

动动脑筋

讨论一下，下面哪些应用对于不可解释的模型是难以接受的？①股票预测；②机器人语音交流；③人脸闸机；④法庭证据；⑤自动驾驶；⑥焊接机器人自动操作；⑦机器人下象棋。

对抗样本的存在说明人与机器看世界的方式是有差异的。讨论一下，为什么说这种差异有可能带来巨大的未知风险？

人工智能应用

21 人脸识别

◆ 人为特征设计方法

经过长期进化，我们的视觉系统可以轻松地从一张图片中发现脸部轮廓及五官部件。计算机则不同，它看到的图像不是一个整体画面，而是一个个感光点，每个感光点称为一个像素。这些像素整体上具有人脸的轮廓，但如果只观察某一部分区域，就会发现其中的像素毫无意义。

为解决这一问题，早期人脸识别的研究重点是如何从原始图像中提取出与人脸相关的有效特征，如五官之间的几何关系、像素的分布规律等。

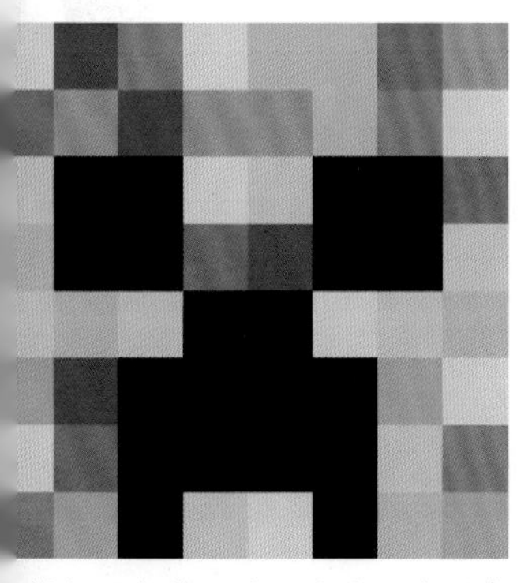

计算机眼中的人脸图片是一堆没有意义的像素点。

◆ 如何分辨面孔

人眼接收到视觉信号后，在后脑的枕叶区进行处理，把人脸区域识别出来，再送入一个称为梭状回的特殊脑区，完成面孔辨识。

研究表明，婴幼儿具有很强的面孔分辨能力，6个月大的婴儿不仅可以对不同种族的人脸进行有效识别，甚至可以识别不同猴子的脸。成年以后，我们的识别系统变得更有针对性，仅能识别自己同种族的人，对其他种族的面孔不再敏感，这一现象称为“异族效应”。

如果人的梭状回视觉区天生较弱或受过损伤，有可能分辨不出人脸，俗称“脸盲症”。严重的脸盲症患者可能连自己亲人的脸都分不清，只能靠发型、身材、衣着来判断。

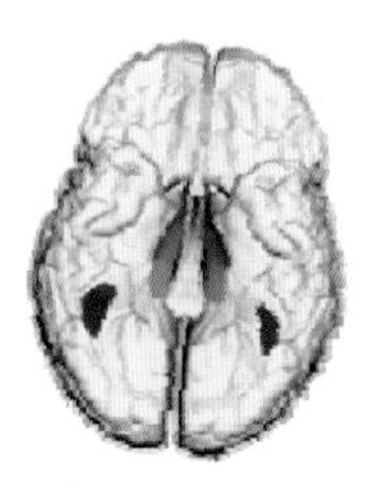

梭状回视觉区

异族效应：所有猩猩的脸看起来都差不多。

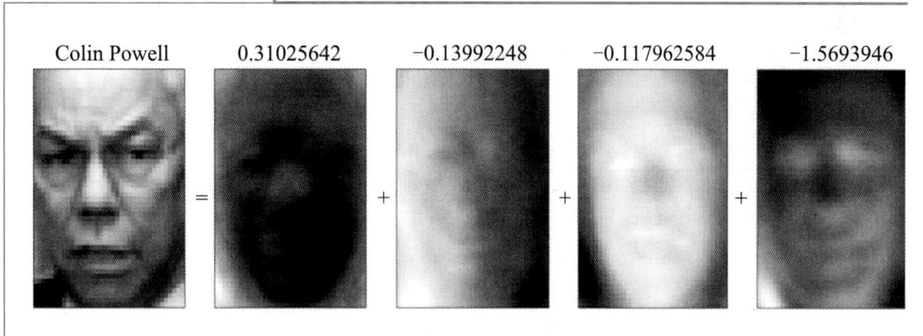

“特征脸”是早期人脸识别的代表性方法。这一方法首先学习若干“基础人脸”，再把每张人脸表示为这些基础人脸的加权和。如上图所示，一张照片被分解成四个基础人脸的和，权重分别约为0.31、-0.13、-0.11、-1.56。这些权重组成的向量即可用来代表这张人脸的面部特征。

有了这一面部特征向量，即可训练分类模型来判断不同的人脸了（详见第12节）。

◆ 深度神经网络方法

深度神经网络具有从原始图像中提取全局特征的能力，极大解决了传统图像处理只见局部像素而不见整体模式的问题。

如右图所示，利用一个深度卷积网络（CNN）对人脸图片进行识别，输入是原始人脸图片，输出层中每个节点对应一个特定人。

学习完成以后，网络将在低层检测简单的线条，在中间层检测人脸的五官部件，在高层检测典型人脸。这一结果验证了深度学习具有提取全局特征的能力。

深度神经网络于2014年开始应用于人脸识别，取得了极大成功，在一个称为LFW的数据集上很快取得了超过99%的准确率。

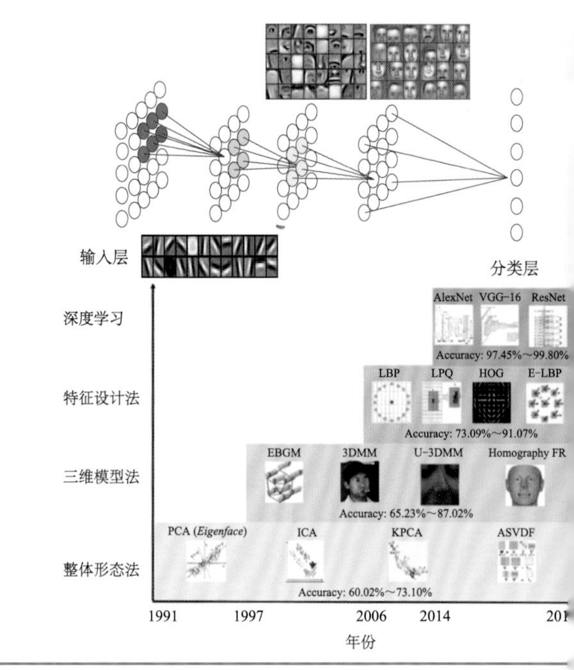

◆ 仿冒攻击

人脸识别系统常用在无人监控的场景下，很容易受到欺骗性攻击，例如可以用一张照片骗过识别系统，或未经允许偷偷验证。为了防范这种攻击，通常采用活体检测方法，让目标人眨眨眼或动动头，来确认是目标人在配合验证。

近年来，视频伪造技术越来越强大，通过合成目标人的视频来骗过验证系统已不是难事。另外，基于对抗样本的仿冒攻击带来的风险正在上升。右图是卡内基梅隆大学开发的一副仿冒眼镜，戴上它就可以骗过识别系统。

如何检测各种仿冒行为是当前人脸识别技术面临的巨大挑战。同时，隐私泄露、数据滥用等潜在风险都是人脸识别技术在应用时需要考虑的问题。

张嘴

转动头部

闭眼

仿冒眼镜

动动脑筋

讨论一下，与传统方法相比，深度神经网络在人脸识别方面解决了哪些问题，有哪些优势？

2021年，美国纽约的“抵制扫描（Ban the Scan）”行动形成声势浩大的反人脸识别浪潮，组织者称人脸识别会带来巨大的社会风险。同时，包括我国在内的许多国家都在立法严控人脸识别技术的使用。讨论一下，为什么人们对这一技术的使用如此担心？

光影彩蛋

机器如何识别人脸？

人脸识别有哪些风险？

22 车牌识别

◆ 车牌识别

车牌识别是应用最广泛的人工智能系统之一，在智能出入车库、交通违法抓拍等方面发挥着重要作用。

车牌的印制规范、数字和字母规律性强，识别起来相对容易。然而，在实际应用中，天气情况、环境光线、拍摄角度、车辆速度等因素都会不同程度地降低车牌识别的性能。

车牌识别原则上分为两个步骤：一是车牌定位，在复杂场景中把车牌的位置找出来；二是字符识别，把找到的车牌图像识别成正确的数字和字母串。

◆ 车牌定位：图像处理方法

车牌的安装位置相对固定，且底色形状都比较确定。利用这些特征，可以通过图像处理方法定位出车牌位置。

下图给出一个典型的车牌定位过程。(a)将彩色图片转换成灰度图；(b)对图片做二值化，把像素设置为全黑或全白；(c)提取出灰度变化的边缘线；(d)通过图像形态学的膨胀和腐蚀操作，获得大块连续封闭区域；(e)定位候选区域；(f)选择最可能的车牌区域。

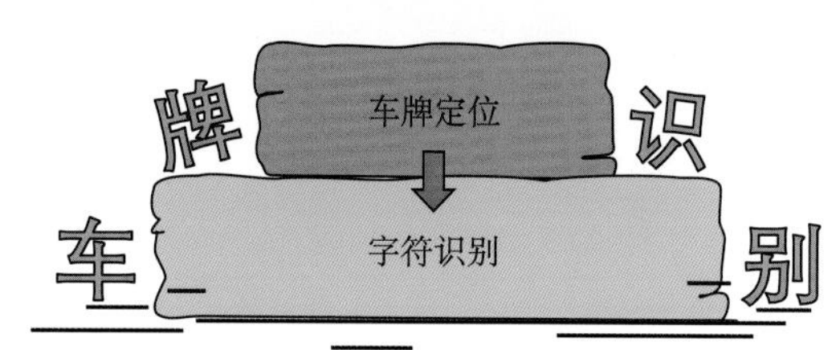

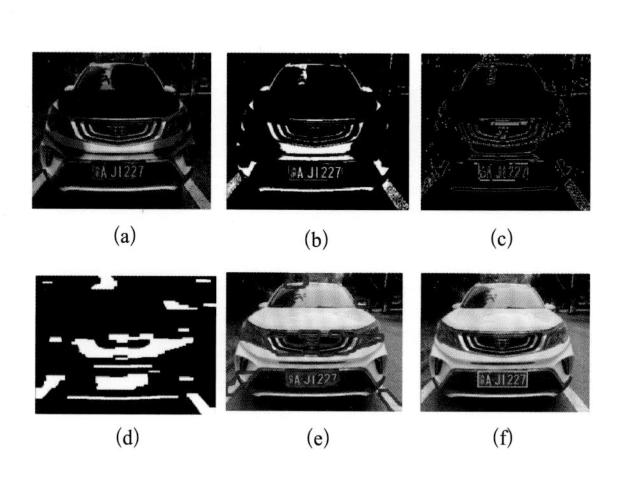

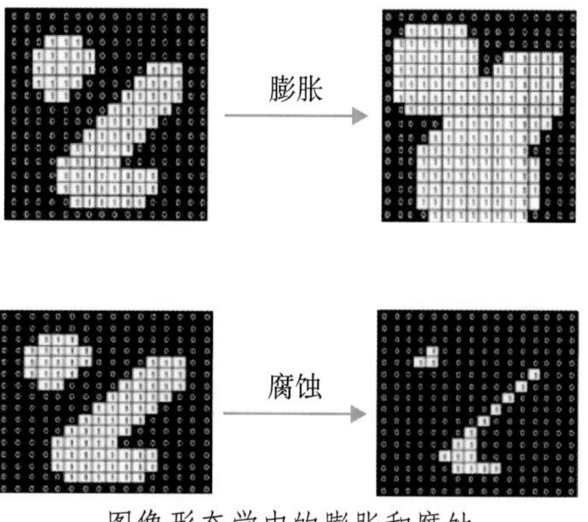

图像形态学中的膨胀和腐蚀

◆ 车牌定位：神经网络方法

基于传统图像处理方法的车牌定位容易受到环境干扰，出现判断错误。如果有大量已标注车牌位置的训练数据，利用神经网络模型通常可获得更好的性能。

YOLO网络是目前较为流行的目标定位方法。YOLO网络最初的设计目标是快速定位图片中包含的物体并识别出每个物体的类别。右图是利用YOLO网络定位图片中的建筑、人物、自行车等物体的例子。

YOLO网络用于车牌定位。先将图片分割成小块，YOLO网络再对每个小块预测：①包含车牌的可能性；②车牌位置；③车牌大小。

预测完成后，保留那些最有可能包含车牌的小块，即可定位车牌位置。

基于神经网络的车牌定位方法环境适应性强、计算速度快，是很多实际系统的首选方法。

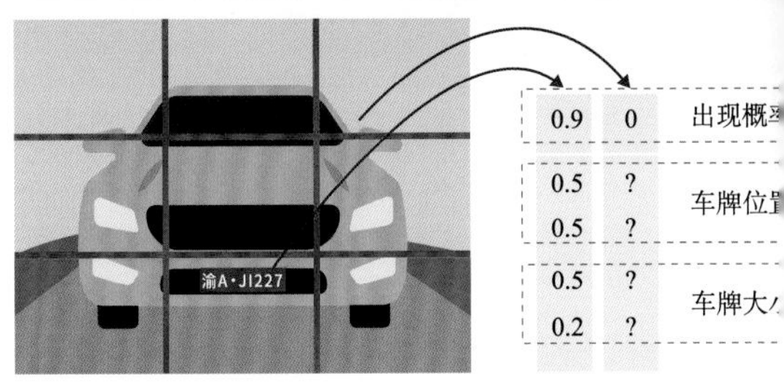

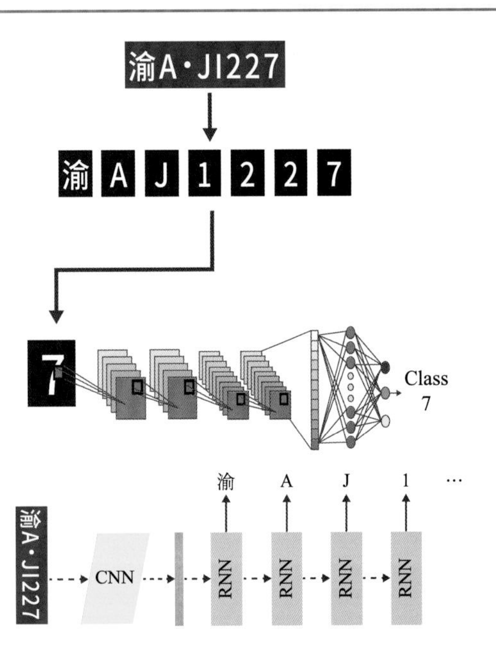

◆ 字符识别

得到了车牌图像，识别任务就相对简单多了。一种方法是将车牌里的字符分割出来，再训练一个分类器（如卷积神经网络CNN）对每个字符分别识别（见左图上）。另一种方法是利用循环神经网络（RNN）对成串字符进行建模，从车牌图像中直接识别出字符串（见左图下）（关于CNN和RNN的基础知识，请参考第16节）。

动动脑筋

比较一下，基于传统图像处理的车牌定位和基于YOLO的车牌定位方法各自的优势是什么？

网上查找一下资料，看看YOLO网络的原理是什么？讨论一下YOLO的定位能力还有哪些有趣的应用。（☆）

光影彩蛋

机器如何识别车牌？

什么是 YOLO 网络？

23 AI 美颜

◆ 人工智能为你美颜

爱美之心人皆有之，每个人都想把自己最美的一面展现给别人。传统美颜都是修图师手工来做的，他们很擅长用Photoshop等图像编辑软件对照片进行处理，如去掉雀斑和皱纹、调亮肤色、修饰眼眉等。这种人工处理方式通常要花费较长时间，还需要有专业技能。

现在人工智能也可以帮我们美颜了。打开一款主流相机，选择“打开AI美颜”功能，就可以拍出让自己眼前一亮的靓照了。

我们将介绍两种基于GAN模型的美颜方法（关于GAN模型，参考第18节）。

◆ 初级美颜：加彩妆的 BeautyGAN

BeautyGAN的目的是给定一张无妆的原始照片和一张带妆的参考照片，努力将参考照片的妆容迁移到原始无妆照片上。

如下图所示，BeautyGAN将原始照片（无妆）和参考照片（有妆）同时输入一个生成模型G。经过G之后，这两张照片将“交换妆容”，即原始无妆照片加妆，而参考照片去妆。判别器DB保证加妆后的照片和有妆的参考照片相似，而判别器DA保证去妆后的照片和原始无妆照片相似。

直观上，BeautyGAN并不改变人脸外观，而是通过调节色彩来达到上妆效果。

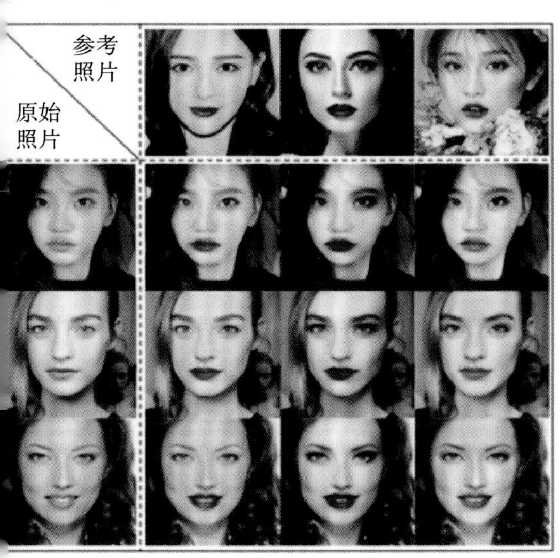

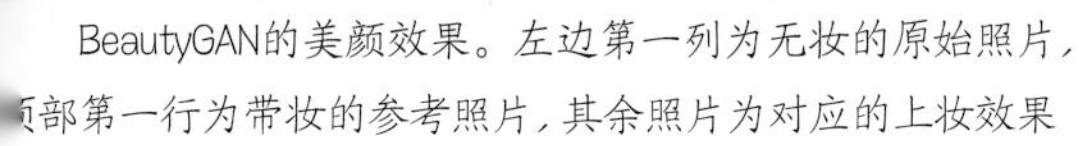
BeautyGAN的美颜效果。左边第一列为无妆的原始照片，顶部第一行为带妆的参考照片，其余照片为对应的上妆效果

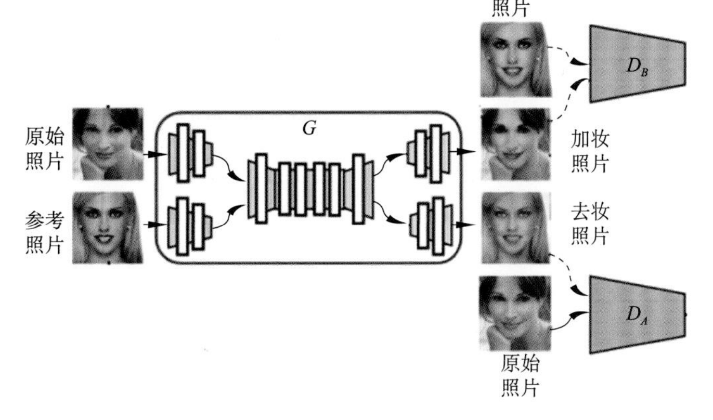

◆ 高级美颜：信息分解☆

BeautyGAN只能调整人脸部件的颜色，美颜效果有限。为了进一步增强美颜能力，研究者提出了信息分解方案。这一方案的基本思路是把一张人脸照片分解成两个主要信息：内容信息代表是谁的脸；风格信息代表人脸的美丑、是否化妆等风格。如果分解成功，就可以把漂亮照片的风格信息迁移到待美颜的人脸照片上，实现美颜。

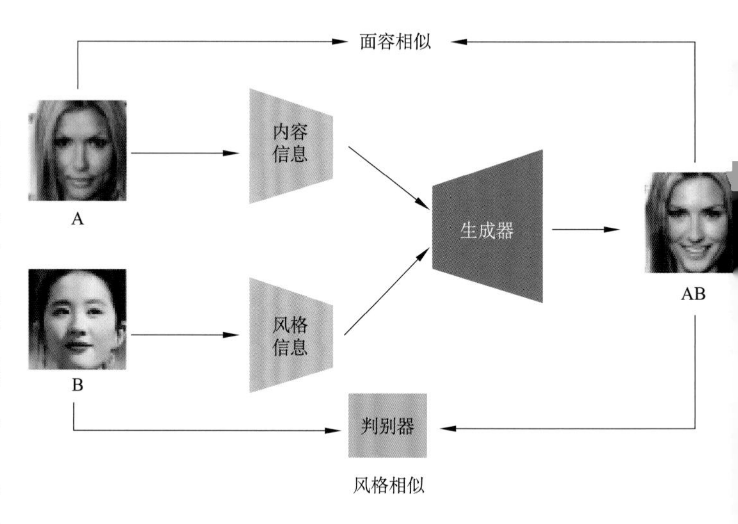

如右图所示，模型的结构依然是一个GAN网络。模型的输入是两张人脸照片A和B。A为待美颜的照片；B为参考照片，表示美颜的目标。模型生成一幅照片AB，使之看起来与照片A是同一个人，但在风格上与照片B更加接近。

在模型训练时，首先使得A和AB看起来面容相似，从而保证两者是同一个人；同时还需要一个判别器，保证AB和B同属漂亮人群。经过这样的训练后，模型就学会了美颜技巧。

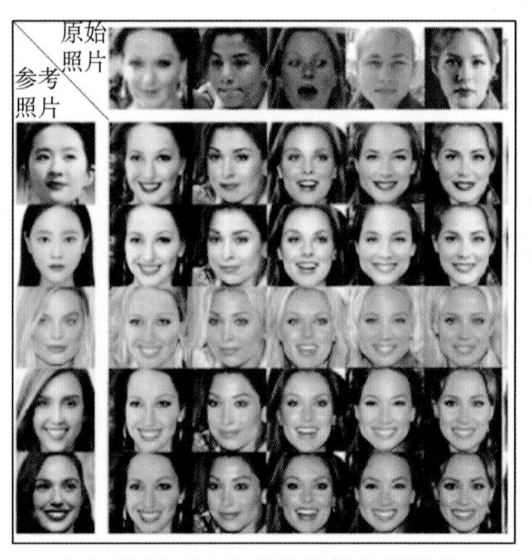

(a) 选择不同参考照片的美颜效果

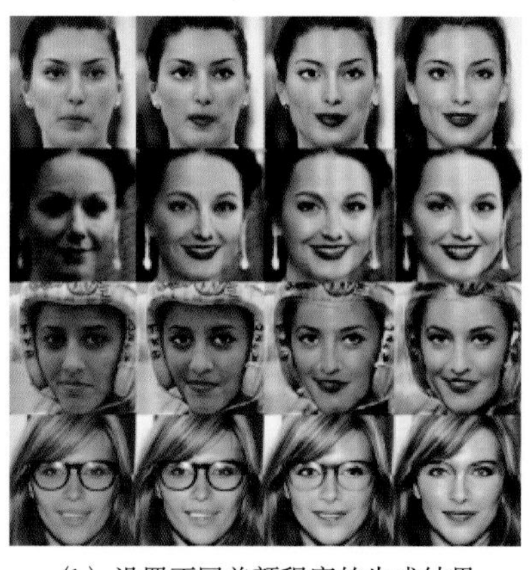

(b) 设置不同美颜程度的生成结果

左图(a)是基于不同风格的参考照片得到的美颜结果。可以看到，生成的图片与原始图片在人像上是一致的，但在风格上与参考图片相似，包括肤色、头发颜色、表情等。同BeautyGAN相比，基于信息分解方法的美颜能力更强，对图片的更改也更大。

在生成照片AB时，也可以结合原始照片A和参考照片B的风格信息。显然，照片B的风格信息比例越大，美颜程度越高。

上图(b)展示了这一效果：从左到右参考照片的风格信息比例逐渐加大，美颜效果越来越显著，不仅让人的皮肤变得越来越好，最后把帽子和眼镜都摘掉了。

动动脑筋

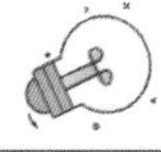

有人说，基于信息分解的美颜方法对照片的修改过大，属于图片造假，应该禁止。谈谈你的看法。

如果有人请你用本节所介绍的美颜方法为宠物狗美颜，你觉得是否可行？如果可行，应该如何做？

24 AI 绘画大师

◆ 内容与风格

一张图片里既包含内容信息也包含风格信息。内容是图片所展示的事物本身，风格是展示的方式。如下面三幅图所示，我们很容易判断出前两张图的内容是一样的，而后两张图的风格一样。

到目前为止，我们还不太清楚人的感知系统是如何区分内容和风格的，然而很多证据表明，内容和风格是可以分离的，这为图片的风格转换提供了可能。

◆ 深度神经网络中的内容与风格

德国图宾根大学的研究者发现，用于目标识别的深度卷积神经网络（CNN）通过某种方式对图片的内容与风格进行了分离。他们发现，CNN中神经元的激发值代表了图片的内容信息，而激发值之间的关系代表了图片的风格信息。

下图上半部分展示了将不同层次的内容信息进行还原的结果。可以看到，层次越深，风格信息越少，内容信息越占主体。

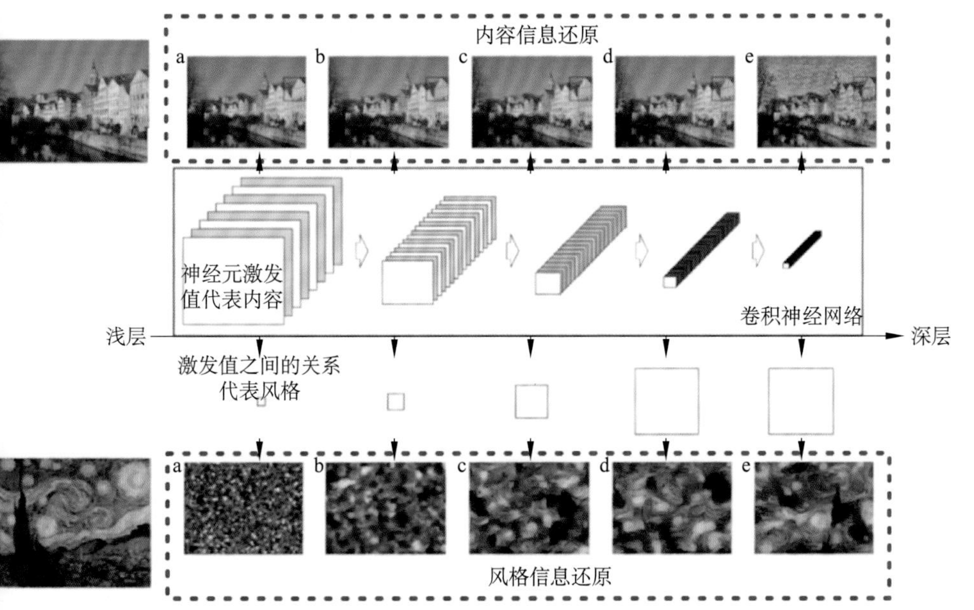

左图下半部分展示了将不同层次的风格信息进行还原的结果。可以看到，风格信息无法还原图片内容，但可以还原颜色、形态等风格特性。此外，层次越深，风格信息越明显（参考第16节中关于CNN的基础知识，以及第17节中关于高级特征的相关讨论）。

◆ 基于风格迁移的绘画大师

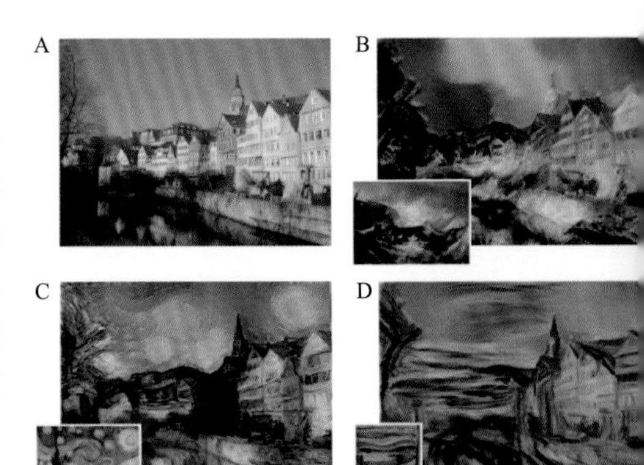

利用CNN的内容-风格分离能力，可以将一幅图的风格迁移到另一幅图上。右图是用上述方法生成的几幅作品，其中A是原图片（图宾根小城），余下B、C、D三幅是将原图A做风格迁移后的结果。在每幅作品中，左下角的小图为提供风格的三幅名画，作者分别为约瑟夫·特纳、文森特·梵高和爱德华·蒙克。可以看到，这种风格迁移方法确实可以生成模拟大师风格的画作。

研究者对这一方法提出了若干改进方案。例如，可以用多个风格图片实现混合风格迁移。如下图所示，左右两张图片各代表一种风格，中间是将两种风格按不同比例混合在一起得到的迁移效果。

◆ 还原毕加索的隐藏画

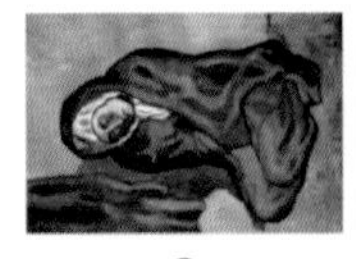
①

②

③

④

⑤

历史上一些大画家都有不如意的时候，如毕加索，1901—1904年几乎穷困潦倒。可能是为了省钱，有些作品画在了曾用过的画布上。例如，通过X射线扫描，人们发现他在这一时期创作的作品*The Crouching Beggar*（上图①）背后隐藏着另一幅风景画（上图②）。经过人工编辑，人们还原了这幅画作（上图③），并发现画作描绘的是巴萨罗那的奥尔塔花园。然而，由于是从X光扫描图上分析出来的，人们只能看到这幅画的内容，缺少了颜色风格。科学家们利用前述的风格迁移方法复现了这件作品。他们选择了圣地亚哥·鲁西诺尔的*Terraced Garden in Mallorca* 作为风格（上图④），因为这幅作品的创作时间和内容都与毕加索那幅隐藏画相近。上图⑤是还原后的结果。

动动脑筋

思考一下，下面哪些元素属于内容，哪些属于风格？①一只正在奔跑的鹿；②广阔的草原；③青绿转成淡黄延伸向远方；④黄昏的光影交错。

利用风格迁移方法还可以实现手绘图染色、人像转卡通等。从网上搜索资料，与大家分享这些有趣的应用。

25 AI鉴伪

◆ Deepfakes

Deepfakes是一种基于深度学习的换脸技术，它的基础是一个自编码器（参见第16节），但进行了一些特别的设计：所有人使用一个全局编码器进行编码，但每个人使用各自的解码器进行解码，如下图所示。这一结构将鼓励编码器提取所有人的共同特征，如表情变化、口唇运动等，而那些个性化特征，如肤色、相貌等，则由每个人各自的解码器来生成。

模型训练完成后，将A的一张图片输入全局编码器，得到与人无关的表情动作，再通过另一个人B的解码器把B的人脸特征加入图片中，即可得到B的一张合成图片（如右图所示）。

利用Deepfakes技术，把视频换成梦露、爱因斯坦、蒙娜丽莎的脸

◆ 深度生成模型

随着深度学习的进步，深度神经网络生成的图片越来越逼真，几乎到了以假乱真的地步。下图中只有一张照片是真实的，另外两张都是由深度学习模型生成的，你能辨认出哪一张是真实的照片吗？

深度生成模型之所以具有如此强大的能力，是因为它可以通过层次学习发现图片背后的生成因子。有了这些因子，再重新组合起来，就可生成逼真的人脸图像了。

除了生成不存在的人脸，深度生成网络还可以对人脸的因子进行修改，从而达到换妆甚至换脸的效果。本节我们讨论如何实现换脸。

*中间是从CelebA中拿到的真实照片，左边是ProgGAN生成的人脸图片，右边是Glow生成的虚假照片

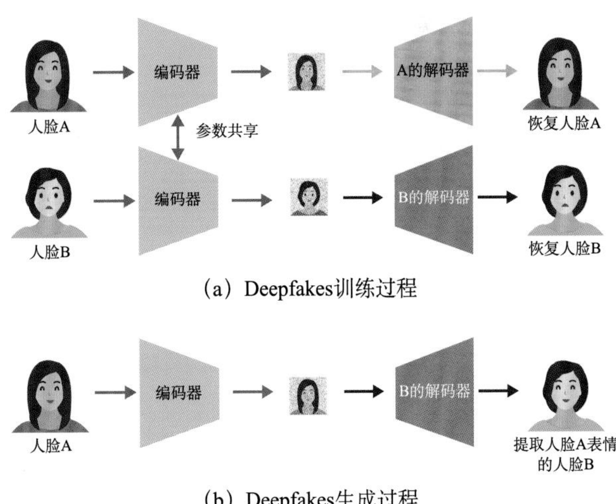

（a）Deepfakes训练过程

（b）Deepfakes生成过程

◆ 虚假图片检测

不论是无中生有的照片合成，还是Deepfakes的换脸，当前深度生成网络所生成的图片肉眼已经很难分辨了。然而，这也不是说造假图片毫无痕迹可查。如下图所示，AI生成的图片在细节方面还是有很明显缺失的。研究者抓住这些细节差异，提出了若干虚假图片检测方法。例如，美国Buffalo大学研究者推出了基于双眼特性的检测工具，对GAN生成的人脸图片的检出率达到94%。

美国Buffalo大学研究者推出了基于双眼特征的虚假照片检测工具，可检测出由GAN生成的人脸图片。

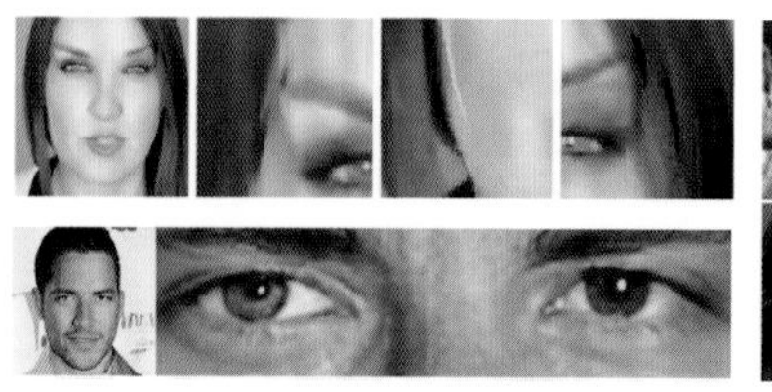

AI生成的图片在细节上存在缺陷。左上：眼角和眉毛在几何比例上失真；左下：双眼颜色不同；右：眼球光反射失真。

图片来源：Deepfakes 检测竞赛官方网站

◆ 社会风险

AI生成的虚拟视频资料在影视制作、娱乐、教育等领域有广泛应用，同时也带来了极大的社会风险。特别是以Deepfakes为代表的换脸技术，可能严重侵犯公民的人身权利，带来道德和法律风险。

目前，不仅换脸不成问题，换表情、换声音都成了现实，其逼真程度已经超出了肉眼的辨别能力，这是AI迄今为止给我们带来的最大麻烦之一。之前，亚马逊和微软等发起了Deepfakes检测竞赛，美国国防部也启动了虚假视频检测项目。正所谓“道高一尺，魔高一丈”，伪造和鉴伪之间的斗争目前还在胶着中。

动动脑筋

思考一下，为什么Deepfakes生成的人脸图片在细节上还存在很大缺陷，但却足以骗过人的眼睛？（☆）

讨论一下，Deepfakes可能带来什么严重后果？我们在日常生活中应如何防范虚假视频带来的危害？

26 语音识别

◆ 语音：世界上最美的声音

声音是由物体振动产生的，而语音是声带振动产生的。肺部气流冲击声带产生振动，经过口腔和鼻腔组成的声道传导出来，就产生了我们所听到的语音。

自然界有各种各样的声音，语音在这些声音中只占很小一部分，但却是最有价值的声音。它的形式极为简单，只是空气的物理振动。然而，在这样简单的振动中却包含了内容、情绪、发音人个性等丰富的信息，而听者也可以在短时间内理解这些信息。这种通过声音传递信息的能力是人类在长期进化过程中形成的，在动物界是独一无二的。

◆ 语音的共振峰结构☆

语音的产生过程有点类似吹箫的过程。吹箫时，人在一端往箫中吹入空气产生振动，这些振动在箫管中传导，并在某些频率上产生谐振（想想对着玻璃瓶的瓶口吹气产生的啸音）。当按住不同箫孔时，谐振的频率会发生变化，从而吹出不同音调的声音。

人在发音时，声带产生的振动经过声道传导后同样会在某些频率上产生谐振。人们通过舌头和唇齿的变化来改变声道的特性，从而改变谐振频率，发出不同的发音。

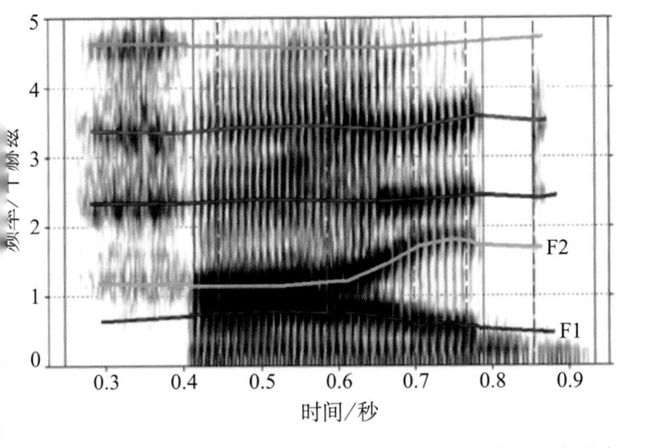

语音频谱图，其中黑色粗横纹表示共振峰。从下往上，分别为第一共振峰F1（红线），第二共振峰F2（绿线）等。

我们可以将语音信号转化成频谱图来观察谐振频率的变化。左图是一段语音的频谱图。可以看到图上有若干颜色较深的横纹，这些横纹即是谐振频率的位置，通常称为共振峰。

可以看到，随着时间的推移，共振峰会发生变化，我们就听到了不同的声音。

◆ 语音识别基础

根据语音的生成机理，可以知道不同发音的频谱形式是不同的，基于这一声学特性可以识别不同的发音，这一技术称为语音识别。

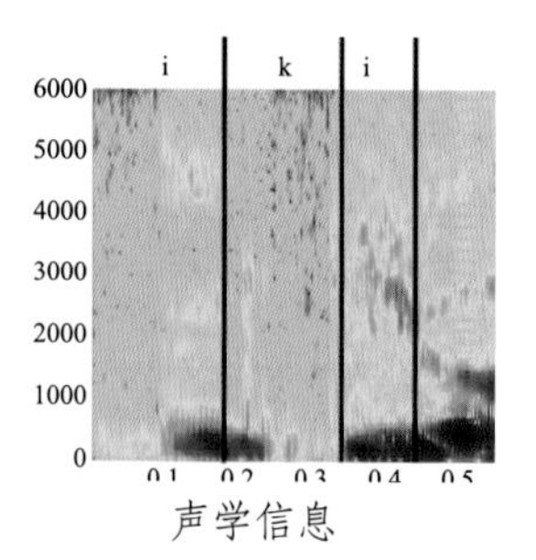

声学信息

我被鱼刺卡了(0.80)
我被鱼翅卡了(0.15)
我被鱼池卡了(0.05)

语言信息

早期语音识别单纯基于声学信息，后来人们发现，语言信息对识别同样重要。这类似于我们在听别人讲话时，对于熟悉的内容很容易听明白；如果不熟悉，那么就算听清了每个发音，理解起来还是会很困难。现代语音识别系统都会利用语言信息来提高识别性能。

目前，语音识别在很多场景下已达到实用程度，如手机语音助手、家庭智能音箱等。

小爱同学

小艺

小度音箱

天猫精灵

◆ 现代语音识别模型

虽然语音识别在原则上是可行的，但实现起来依然非常困难，原因包括：容易受外界噪声和其他人说话声音的干扰；方言和口音普遍存在；多词同音、一词多音、一音多义等语言现象加重理解困难。语音识别近70年的发展历史即是解决这些困难的历史。

传统语音识别多采用统计模型方法。随着深度神经网络的兴起，基于注意力机制的序列到序列建模（见第18节）成为主流。该方法将语音信号作为输入序列，将对应的文字串作为输出序列，建立序列到序列转换模型。当数据量足够大时，这一方法可以构造精度很高的识别系统。

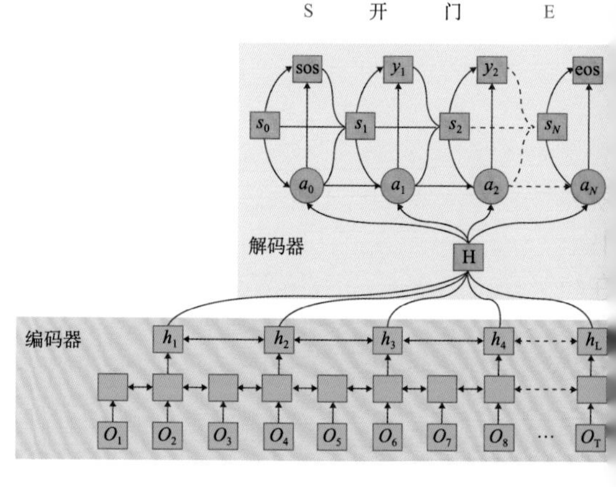

基于注意力机制的序列到序列语音识别模型。编码器是一个双向循环神经网络，解码器是一个单向循环神经网络，解码器通过注意力机制读取编码器的输出。

动动脑筋

根据本节所学内容，讨论一下为什么语音信号频谱图上会出现一些黑色的横纹，为什么横纹会随着时间发生变动？（☆）

你觉得语音识别在哪些场景中可能受到欢迎？①汽车导航；②家用机器人对话；③操作手术刀；④家居报警；⑤战场操纵火炮射击。

27 声纹识别

◆ 人耳如何听声辨人

人的听觉系统是个非常精巧的频率分解器。声音传入耳朵后，经过鼓膜传入内耳，在一个称为耳蜗的组织内部形成感知。耳蜗具有螺旋形结构，不同位置感知的频率成分不同，外部感知高频声音，内部感知低频声音。正是有了这种频率分解能力，我们才能听到大千世界的美妙声音。

那么，人们如何通过声音来判断发音人呢？我们知道，语音是由声带振动产生的，这些振动经过声道传导后由口唇发出。每个人的声带和声道都是不同的，反映到语音信号中，即形成了差异化的频率特性。有趣的是，人的耳朵可以轻松识别出不同人的频率特性，从而判断出发音人的身份。

研究表明，人耳对熟悉人的辨别能力很强，“嗯”一声即可听出对方，但对不熟的人则没有那么敏感。

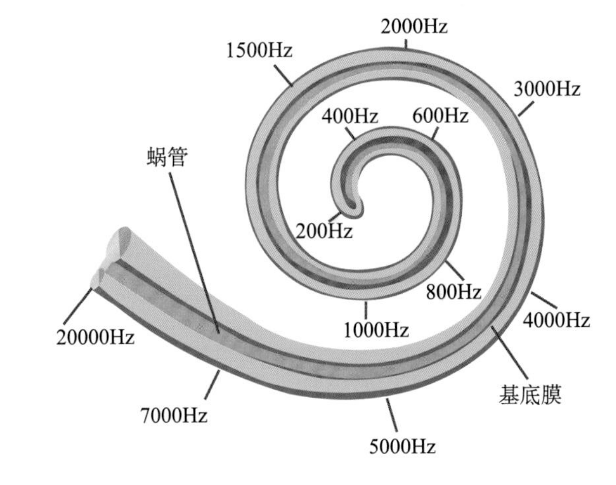

◆ 声音的特异性

基于人耳的听声辨人能力，研究者很早就希望机器也能通过声音来判断人的身份。1962年，贝尔实验室的Lawrence G. Kersta在《自然》杂志上发表一篇题为《声纹辨认》的论文，认为声音具有和指纹一样的身份标识能力，并将声音中包含的发音人信息称为“声纹”。

“声纹”一词形象地表明了发音人在声音上的特异性：世界上没有任何两个人的声音是完全相同的，即使一对双胞胎的声音也是不同的。这一点和指纹很相似。不同的是指纹在出生后就确定了，声音却可能随时随地发生变化。到目前为止，人们还没有从声音中分离出和人一一对应的、一生保持不变的“声纹”。

尽管如此，声纹识别一直受到业界重视。这是因为声纹具有若干优势：与指纹、掌纹相比，声纹采集不需要接触；与人脸相比，声纹隐私泄露低；与虹膜相比，声纹设备成本低，采集方便。最后，在众多生物认证方式中，只有声音是由人主动发出的，而且包含内容信息，因此可确保认证意图是真实的，防止被人盗用。

◆ 声纹识别方法

现代声纹识别采用深度学习方法，首先收集一个包含大量发音人的语音数据库，基于这一数据库训练一个深度神经网络，用于提取与说话人相关的显著特征。和早期的统计模型方法相比，这种神经网络方法有更好的抗干扰能力。

目前，声纹识别技术已经有一些商业应用，但总体来说性能还有待加强，特别是在复杂环境下的识别性能还比较低。如果将声纹和其他生物认证方式（如人脸）相结合，则有望显著提高系统的精度和可靠性。

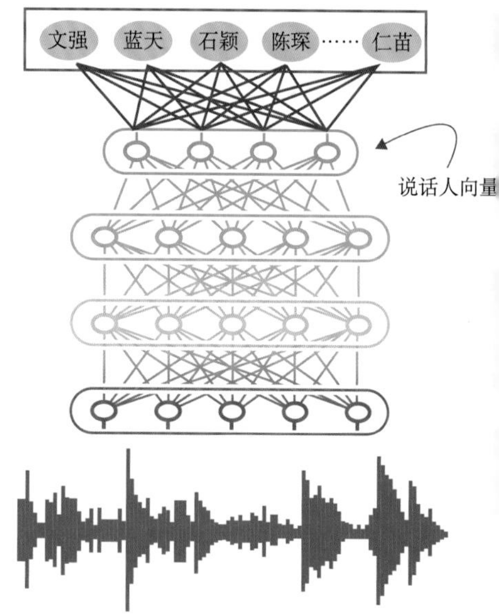

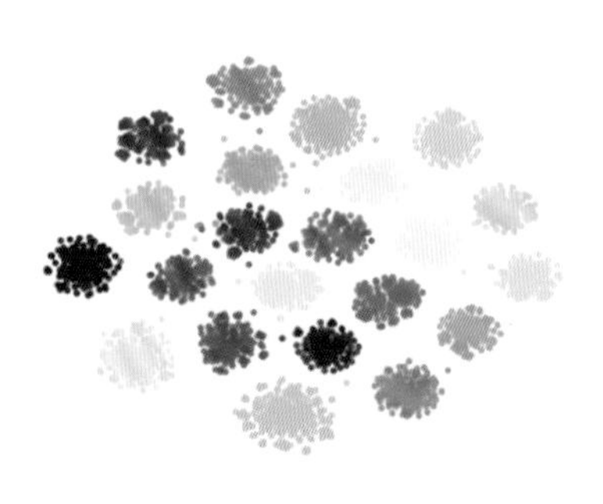

左图给出神经网络模型生成的一组说话人嵌入向量，其中每个点代表一个发音片段，每种颜色代表一个发音人。可以看到，同一个发音人不同片段的嵌入向量聚集在一起，而不同发音人的嵌入向量相互分离。因此，利用这些嵌入向量即可实现声纹识别。

如上图所示，将一段语音输入一个神经网络，网络输出为不同的发音人。训练完成以后，网络倒数第一层的激发值即可作为说话人的声纹特征，一般称为“说话人嵌入向量”。

◆ 司法中的声纹识别

声音很早就被用作刑侦手段和司法证据。1994年的美国电影《燃眉追击》中就描述了这样一个场景：一位听音专家听到一小段录音，确定说话人的特征为“古巴人，35～45岁，在美国东部受的教育……”，然后这段录音被输入到一台超级计算机中和一个嫌疑人的声音做比对，可信度为90.1%。这一具有夸张性的故事情节反映了人们对声音应用于司法实践的期待。

目前，声纹在司法实践中的应用主要有两种：一是用计算机对声音进行初步分析，得到重音、基频、共振峰位置等特征，再由人类专家利用这些特征进行判断；二是使用声纹识别系统直接做出判断。

总体来说，声纹作为辅助证据对司法实践有很大帮助，但也可能带来风险。2001年，经DNA检验，美国人波普因性侵害入狱15年后被无罪释放，而当初定罪的部分证据就是声纹分析。

动动脑筋

总结一下，声纹和其他生物认证手段相比，有哪些优势和劣势？

1997年，法国声学学会发布声明，要求停止声纹技术在法庭上使用，原因是警方接到电话，报警人声称他为一起汽车炸弹袭击负责，而一个叫杰罗姆·普列托的人被错误鉴定为是该电话的报警人，导致他遭受了10个月的非法羁押。你对法国声学学会的声明有何看法？

28 语音合成

◆ 人类发音模型

语音是声带产生的振动经过口鼻传导后产生的。科学家们提出了一种称为“源-滤波器”的数学模型来模拟人的发音过程。在这一模型中，声带等振动生成器官统称为“声门”；口、鼻、唇等振动传导器官统称为“声道”。

如下图所示。首先由声门产生振动信号$e(n)$。对于元音和浊辅音，$e(n)$是周期性的脉冲；对于清辅音，$e(n)$是一段白噪声。信号$e(n)$经过声道$h(n)$传导后发生了改变，得到的信号$x(n)$就是我们听到的声音。

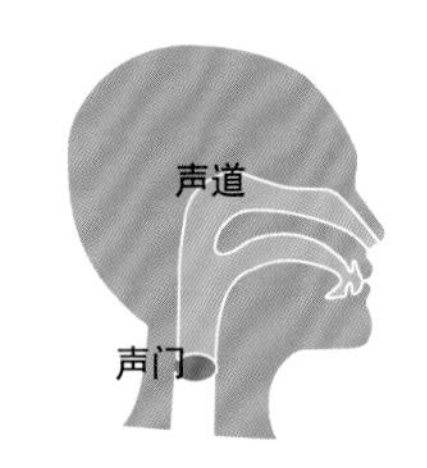

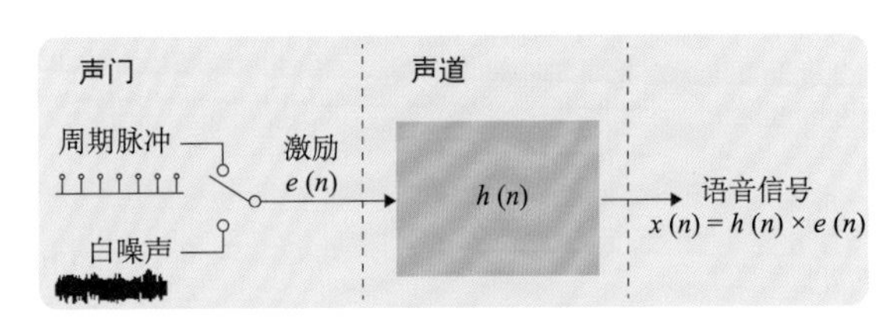

◆ 早期的语音合成器

1750年，德国数学家欧拉建立了声音理论。1769年，匈牙利发明家沃尔夫冈·冯·肯佩伦依据人类的发声机理，制作了一台机械发声器，这是让机器开口说话的早期尝试。

1939年，贝尔实验室的科学家达德利·荷马发明了声码器，从语音信号中分解出声门激励和声道调制两部分信号，再基于人的发音模型恢复出原始语音。

声码器的发明不仅是语音合成技术的基础，也是现代语音信号处理技术的开端。

肯佩伦发声器的复现模型

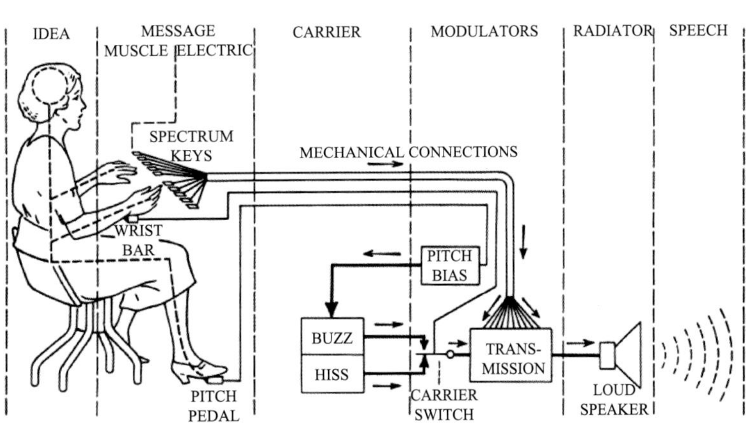

基于声码器的语音合成：操作者通过脚踏板和键盘分别生成激励信号和调制参数，用手腕控制清浊音转换，再基于源-滤波器模型生成语音（荷马·达德利，1939）。

◆ 传统语音合成技术

语音合成是指从文本生成声音，也称为文本到声音转换（TTS）。语音合成广泛应用在人机会话、自动播报、地图导航等各种场景。

DECTalk DCT01，1984 年 DEC 公司

物理学家霍金的发音设备
图片来源：itpro.co.uk

早期语音合成是参数法。这一方法为每个发音单元（称为音素）设计声门和声道参数，并应用源-激励模型合成出声音。这一方法简单轻量，但发出的声音有明显的机器声。DEC公司的DECTalk是这种参数合成的代表。著名物理学家霍金的辅助发音设备也是基于这种参数合成技术。

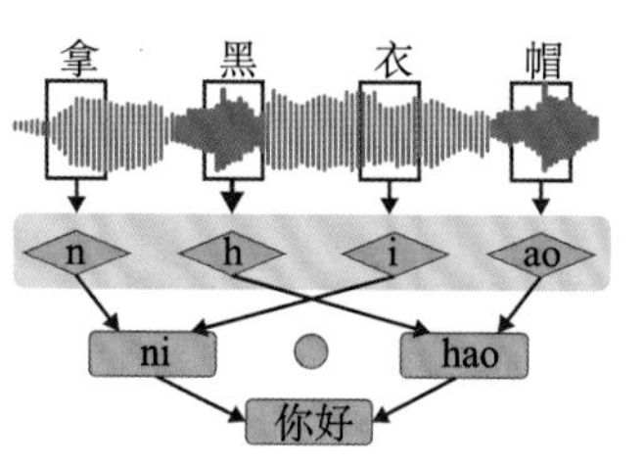

后来，人们提出拼接合成法。这种方法预先录制好一个覆盖各个音素的语料库，在合成时，从这些语料库中选择合适的音素片段拼接起来。因为是事先录好的声音，所以听起来非常自然。

2000年后，研究者提出基于统计模型的合成方法。这一方法将每个发音单元"总结"成一个称为隐马尔可夫模型（HMM）的统计模型。这些模型用来生成每个音素的声门和声道参数。有了这些参数，就可以根据发音模型合成声音。

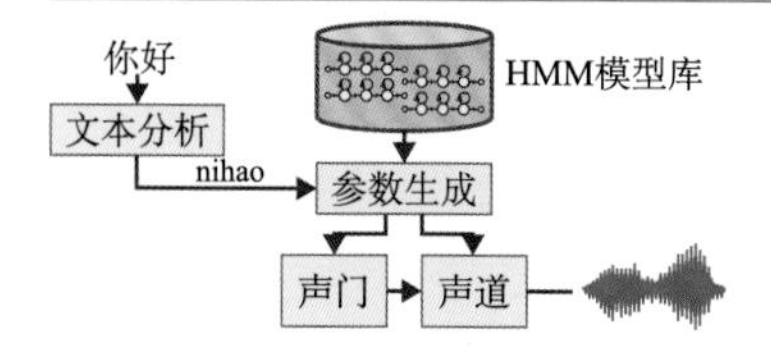

与拼接法相比，统计模型法更轻量，也更灵活。例如，可以通过修改HMM模型生成更丰富的发音。

◆ 基于深度学习的语音合成技术

近年来，深度神经网络在语音合成中取得极大成功，显著提高了合成语音的质量和自然度，在地图导航、机场广播、自动配音等领域得到广泛应用。

传统合成方法之所以质量和自然度较低，一个重要原因是对语音信号的序列建模能力不足。现代语音合成方法基于序列到序列的深度神经网络，不仅可以学习音素到频谱的映射，还可以学习频谱自身的序列关系，从而极大提高了合成语音的质量。

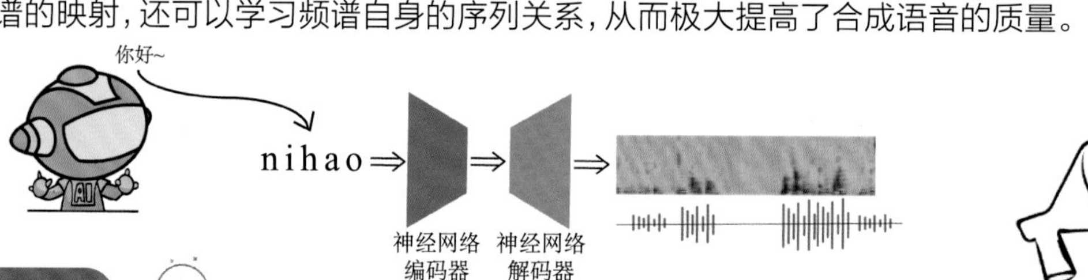

动动脑筋

喉头在发音过程中起着重要作用，喉癌患者切除喉头后就会失声。为了帮助这些患者重新发音，科学家们设计了电子喉。查找资料，看看电子喉的工作原理是什么？

自20世纪80年代以来，语音合成技术取得了质的飞跃。以前是断续的、沙哑的合成音，而现在是非常流畅的自然发音。基于本节内容讨论一下，实现这一飞跃的主要原因是什么？

29 机器作家

人类语言的规律性

人类的语言是很特别的符号系统，每一个通顺的句子都要受到语法和语义规则的限制。只要机器获知了这些规律，就有可能像人一样写出合规的句子来。

那么，如何让机器获得语言的规律呢？早期研究多采用“灌输法”，把语言学家总结出的语法规则教给机器，就和教小学生一样。例如，把右图所示的语法规则教给机器，就可以生成“猴子吃香蕉”这样合理的句子了。

然而，人们很快发现这些规则太有限了，既无法生成复杂的句子，也无法保证语义的合理性。例如，按右图所示的语法，同样可以生成“香蕉拿猴子”这样不合理的句子。

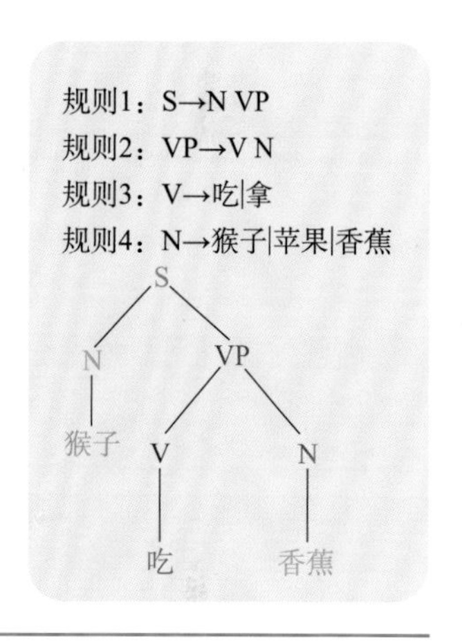

语言模型☆

人们发现词与词之间的关联也许更能代表语言规律。一句话看起来是不是合理，主要看其中的词语搭配是否常见。例如，“我看电视”是合理的，因为“看”和“电视”经常前后搭配在一起。相反，“我吃电视”“我打电视”等都不太合理，因为平常很少这么说。为了描述一句话是否“常见”，我们给每个句子统计一个出现概率，记为$P(X)$，例如：P(我，看，电视)=0.4，P(我，吃，电视)=0.002。$P(X)$ 称为语言模型，如右图（上）所示。

当句子比较长时，直接统计$P(X)$很困难。一种解决方案是把句子拆成小段，计算每一小段的概率，再把这些小段的概率乘起来，如右图（中）所示。如果每个小段的长度为N，这一模型称为N元文法。右图（中）显示的即是一个二元文法的例子，其中P(吗|可以)表示一个二元文法的实例。

有了语言模型$P(X)$，就可以用它来生成句子了。右图（下）是利用一个五元文法生成的句子。可以看到，虽然句子之间还不是很连贯，语义上也不太合理，但总体上还是通顺的。

P（我，看，电视）=0.4　　P（我，看，电话）=0.1
P（我，吃，电视）=0.002　P（我，吃，电话）=0.002
P（我，打，电视）=0.002　P（我，打，电话）=0.4

P（我，看，电视，可以，吗）
=P（吗|可以）P（可以|电视）P（电视|看）P（看|我）P（我）
=0.3 × 0.1 × 0.4 × 0.3 × 1.0 =0.0036

我也想去歌友会。说到底老被抢被挤兑。纽约考研生物定义范围吗？我不打扰了。昨天晚上那个到底什么时候拿到手才能雅啊。谢谢你。

◆ 大规模神经语言模型

*N*元文法只能表示前后*N*个词之间的关系，当词与词之间的距离较长时，*N*元文法就无能为力了近年来，基于深度神经网络的语言模型取得了长足进展，特别是Transformer模型的出现，为建立强大的神经语言模型提供了基础。

Transformer是以自注意力机制为核心的上下文编码网络。我们已经讨论过，自注意力机制可以融合任意位置的上下文信息（见第18节），因此可以描述远距离词与词之间的相关性。通过将多层Transformer堆叠起来，可以描述非常复杂的语义关系，从而得到强大的语言模型。

OpenAI的GPT-3是这类模型的代表它包括1750亿参数，可以描述长达2048个Token（大约相当于1000个汉字）的上下文相关性。训练GPT-3使用了570GB的文本数据（过滤后），计算花销据说接近500万美元。虽然花销巨大，但确实非常强大，至少写小说是不成问题了。

◆ 用中文 GPT–3 写小说

晚 景

白日依山尽、夜色如水。“咚咚咚咚！”一阵敲门声响起，打断了夜晚的寂静。“谁呀？”屋内传出一道低沉浑厚的声音，透露出浓重的警惕之意。门外一片安静，仿佛没有人在似的，但敲门声却丝毫没有停止，而且敲门声越发地急促了。屋内，一阵悉索声响过，随即传来一阵轻微的脚步声，紧接着房门被缓慢打开了一道缝隙。“谁啊？”“老板娘，是我。”

孙悟空大战李逵

孙悟空是鼎鼎有名的斗战胜佛，李逵则是地煞星出身，二人本身就有宿怨。李逵在孙悟空的手上吃过几次亏，但每次都是以失败告终，而孙悟空也一直对他怀恨在心。后来孙悟空成功突破封印，来到这个时代，李逵则是回到原世界去了，不知道孙悟空还会怎么对付他，但他却是留下了一句狠话：“猴子，等着瞧吧，总有一天我会把你打得屁滚尿流！”“好大的口气啊，俺老孙等着你！”孙悟空的性格和李逵相反，李逵性格暴躁，但孙悟空的性格沉稳内敛，这也许就是传说中的“胸怀天下”。

好大的口气啊，俺老孙等着你！

动动脑筋

思考一下，人类的语言是受语法约束的，但是单靠语法规则，计算机很难写出一篇通顺合理的小说，这是为什么？

看到GPT-3写的小说，有人惊叹说机器不仅可以生成通顺的句子，而且已经会谋篇布局了。讨论一下，为什么GPT-3能做到这一点？

光影彩蛋

机器如何写小说？

30 人工智能诗人

◆ 诗词是中华民族的文化瑰宝

诗歌承载着一个民族的文化底蕴和历史传承。优秀的诗歌流传千载，成为一个民族的文化瑰宝。

早期诗歌起源于劳动人民在生产生活中创作的劳动号子，入乐为歌，不入乐为诗。慢慢演变成格式固定、音律协调的文学形式。

诗歌早期格律要求较低，称为古体诗。唐代以后格律日渐严格，形成近体诗；到宋代衍生出词；元代则形成格式更灵活的曲。

诗歌创作十分困难，只有才情俱佳的大诗人才能写出好的作品。

◆ 古诗的特点

字数合理：	诗词都有约定的字数，不能更改。
韵脚一致：	特定句子最后一个字韵母相同。
平仄合规：	特定的位置满足平仄要求，以求朗朗上口。
语句通顺：	要求用词合理，表达完整连贯的意义。
意境优美：	要有意境上的美感，激发读者的内心共鸣。

古代诗词分类

- 身世感怀诗
- 谈禅说理诗
- 写景咏物诗
- 咏史怀古诗
- 山水田园诗
- 羁旅思乡诗
- 闺怨宫怨诗
- 赠别送行诗
- 边塞征战诗
- 悼亡游仙诗
- 古体诗：四言、五言、六言、七言、杂言
- 近体诗：律诗（五律、七律）、绝句（五绝、七绝）
- 词：长调、中调、小令
- 曲：散曲（小令、套曲）、杂剧

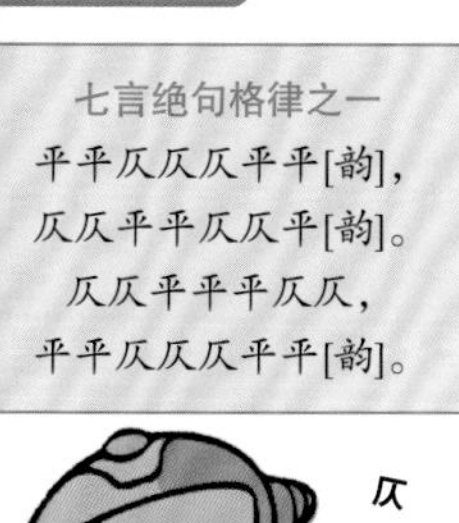
七言绝句格律之一

平平仄仄仄平平[韵]，

仄仄平平仄仄平[韵]。

仄仄平平平仄仄，

平平仄仄仄平平[韵]。

早发白帝城

【唐】李白

朝辞白帝彩云间，

千里江陵一日还。

两岸猿声啼不住，

轻舟已过万重山

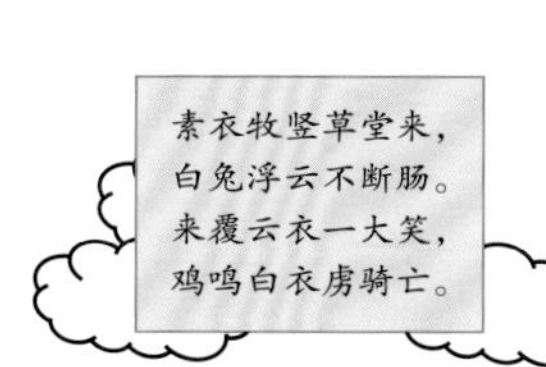
素衣牧竖草堂来，

白兔浮云不断肠。

来覆云衣一大笑，

鸡鸣白衣虏骑亡。

这是机器创作的一首七言绝句。虽韵律合规，但句子不通、语义不顺，不是一首合格的作品。

◆ 机器作诗的优势和困难

机器作诗并不困难。以七言绝句为例，只要选出7×4=28(个)字来，保证这些字满足绝句的韵律要求，就可以做出一首诗。

优势：机器可以快速搜索所有汉字，保证押韵与平仄合规，而人类诗人要做到这些需要反复尝试。

困难：机器对人类的语言并不理解，因此难以生成语法和语义通顺的句子。

《诗学含英》是清代刘文蔚所著声韵格律的工具书，为后来诗人广泛使用，也被AI诗人用作韵律资料。

◆ 基于拼凑的作诗

将诗的句子打碎，再重组字词片段，即可形成新诗。

落魄江湖载酒行 楚腰纤细掌中轻 十年一觉扬州梦 赢得青楼薄幸名		银烛秋光冷画屏 轻罗小扇扑流萤 天阶夜色凉如水 卧看牵牛织女星		落魄秋光载画屏 楚腰小扇掌中轻 天阶一觉凉如水 赢得青楼织女星

◆ 基于神经网络的作诗

模拟人的大脑，神经网络将不同意义的字置于语义空间中的不同位置，意义相近的字互相靠近，意义不同的字互相远离。这样就可以形成对汉字的某种“理解”。

神经网络还可以描述字与字、词与词之间的前后搭配关系，使得生成的诗句更加流畅。

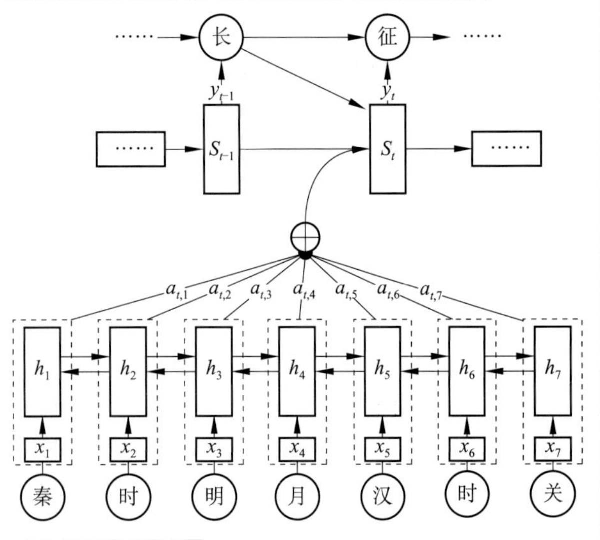

海棠花
清华大学 薇薇
红霞淡艳媚妆水，
万朵千峰映碧垂。
一夜东风吹雨过，
满城春色在天辉。

清华大学AI诗人“薇薇”的作品和所用的神经网络模型。该模型将作诗视为一个逐字生成的过程：基于已经生成的字串，利用神经网络预测下一个字。

◆ 基于统计模型的作诗

人类语言有很强的规律性，一些字和词总是同时出现在一首诗中，如“春”和“花”，“山”和“水”。

燕子不归春事晚， 一汀烟雨杏花寒。	人闲桂花落， 夜静春山空。
忽如一夜春风来， 千树万树梨花开。	小楼一夜听春雨， 深巷明朝卖杏花。

在作诗时优先考虑那些总是在一起出现的字，特别是前后经常搭配在一起的字。

这是微软亚洲研究院利用统计模型生成的五言绝句。

醉里梦中离，痴问心底一。
笑下意前二，愁人人外里。

◆ 以画入诗

扁舟一曲水平堤，
一梓渔舟日向西。
长忆西湖水中月，
东风吹过武陵溪。

首先从图片中提取出关键词，并基于深度神经网络提取出图片的视觉特征。利用这两类特征生成诗句。

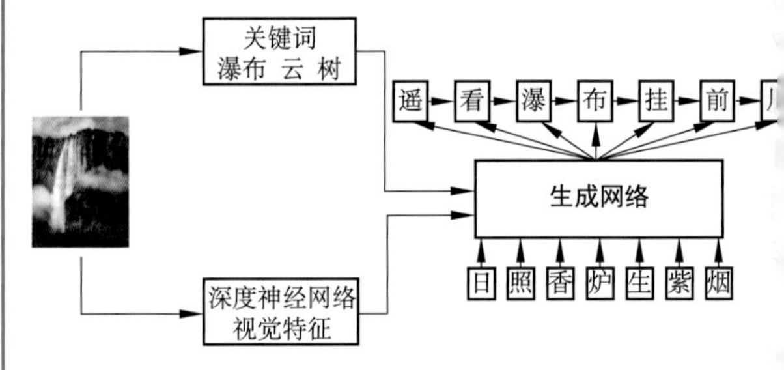

动动脑筋

思考一下，在本节介绍的各种作诗方法中，为什么神经网络方法生成的诗更通顺，更合理？

下面两首咏海棠诗，你觉得哪首是人写的，哪首是机器作的？

（1）一树红妆映碧空，娇羞妩媚醉春风。不知何处寻芳信，只见桃花笑脸融。

（2）珍重芳姿昼掩门，自携手瓮灌苔盆。胭脂洗出秋阶影，冰雪招来露砌魂。

31 机器翻译

◆ 人类语言

据统计，全世界有5000～7000种语言，大部分是没有形成文字的口语。在各种语言中，汉语占绝对优势，是使用人数最多的语言。

语言是人类的特有能力，不仅可表达丰富的思想，而且极具创造力，可以用有限的单元组合起来描述无穷无尽的新事物。

同时，人们创造了语法规则来约束语言过程，又随时可以打破这一约束，极为灵活。

名次	语　言	母语使用人数/百万人	占世界人口比例/%（2019年3月）
1	汉语官话	918	11.922
2	西班牙语	480	5.994
3	英语	379	4.922
4	印地语	341	4.429
5	孟加拉语	228	2.961
6	葡萄牙语	221	2.870
7	俄语	154	2.000
8	日语	128	1.662
9	西旁遮普语	92.7	1.204
10	马拉地语	83.1	1.079

◆ 机器翻译萌芽：规则方法

沃伦·韦弗在1947年写给维纳的信中就谈到了机器翻译的设想。美苏冷战时期，为了情报工作需要，美苏双方都在努力开发机器翻译系统。当时的翻译方式基本上是一本词典加上若干人为规则。例如，IBM推出第一台翻译机器IBM-701。它基于6条文法转换规则和250个单词，成功将约60句俄文自动翻译成英文。这一成就极大激发了机器翻译研究者的热情。然而，人们很快发现人类的语言非常复杂，不是拿本词典就可以翻译的。1966年以后，失望情绪开始蔓延，此后十年机器翻译研究几乎停滞。

70年代后，受乔姆斯基的生成语法理论的影响，人们开始探索理解型翻译，即首先对源语言句子做自下而上的语法解析，再基于得到的语法结构做自上而下的目标语言生成。尽管思路上很清晰，但人们还是发现实际语言太过复杂，很多时候难以解析，翻译更加无从谈起。基于规则的翻译方法走入死胡同。

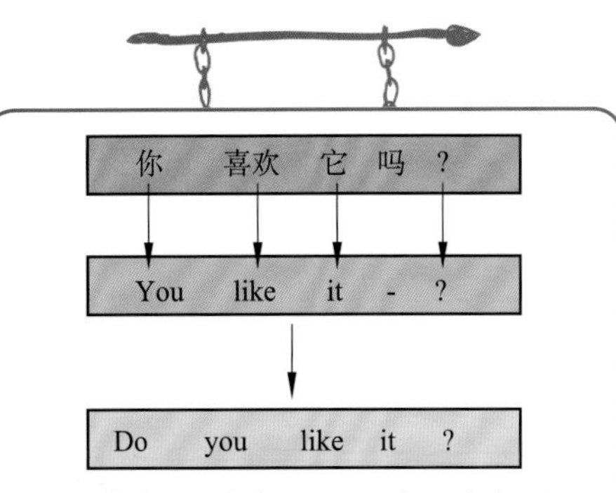

基于规则的翻译方法：首先利用词典将中文词翻译成对应的英文单词，然后应用语法规则对翻译结果进行调整，得到合理的疑问句。

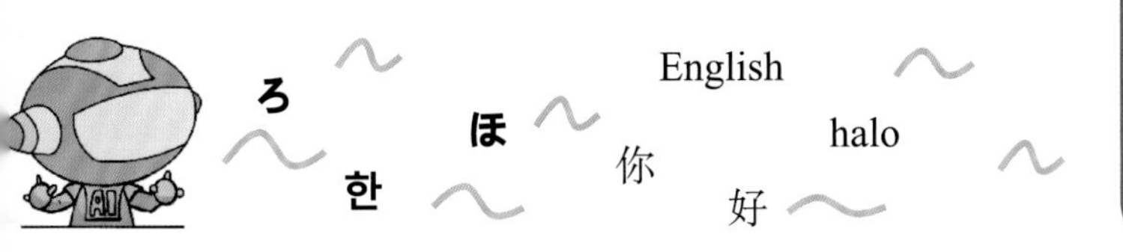

◆ 统计机器翻译

考虑到规则对人类语言的脆弱性，人们开始研究基于数据驱动的机器翻译模型。一个重大突破是统计机器翻译模型（SMT）的诞生。

如右图所示，首先对源句和目标句中的词进行对齐，由此学习两种语言的对应词典。有了这一词典，再结合目标语言的语言模型（参考第28节），即可实现较为顺畅的翻译。

SMT中的词典和语言模型都是从数据中自动学习出来的，因此可以代表真实语言环境中的复杂性。

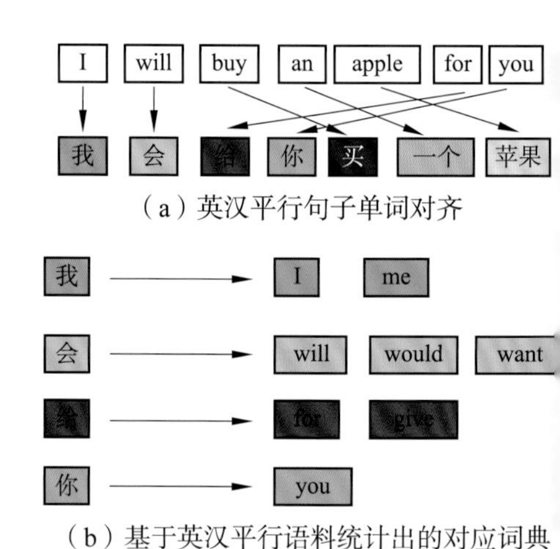

（a）英汉平行句子单词对齐

（b）基于英汉平行语料统计出的对应词典

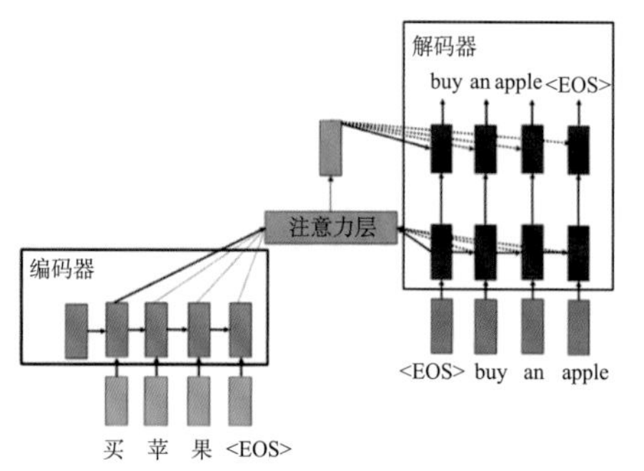

基于自注意力机制的神经翻译模型。该模型先将源句子进行编码，解码器再基于这一编码序列逐字生成翻译结果。

◆ 神经机器翻译

2014年以来，以谷歌为代表的研究机构将深度神经网络引入机器翻译，称为神经机器翻译（NMT）。2018年，微软报告他们的中英机器翻译系统在WMT 2017评测集上已经达到人类翻译员的水平。

NMT将语言之间的对应关系表示成神经网络的连接权重。这一根本变革使得系统结构变得更简单，学习能力也更强，同时也对数据提出了更高要求。

动动脑筋

思考一下，为什么早期基于规则的机器翻译方法会失败？

比较一下汉语和英语有哪些不同。这些不同给英汉翻译带来哪些困难？

哲学家艾伦·沃茨说："我们确实很难注意到任何用语言无法描述的东西。"有人说这句话反映了语言的重要性。请谈一下你的看法。（☆）

◆ 打破语言边界

自1947年沃伦·韦弗提出机器翻译的概念已过去70多年，现在NMT基本上可以满足主要语言之间的翻译需求。然而，在小语种翻译任务上，NMT的性能还差很远，打破语言边界的理想还没有完全实现。

近年来，人们研究了很多方法来解决这个问题。基于人类语言的共通性，可以预期未来机器翻译一定可以实现与人类沟通无障碍的目标。

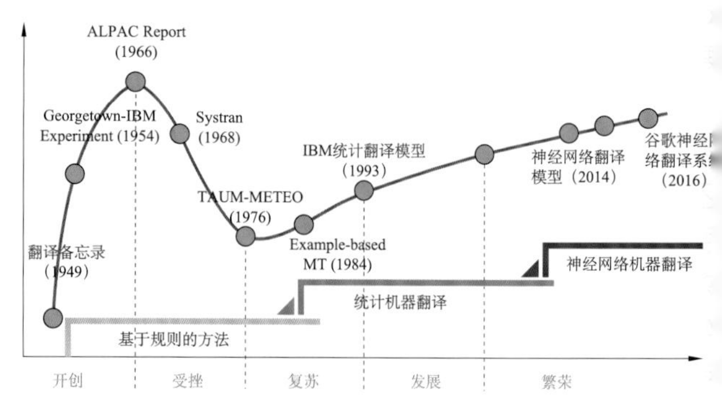

32 围棋国手

◆ 围棋

围棋，中国古称“弈”，英文名称“Go”。围棋起源于中国，传说为尧帝所做。围棋使用矩形格状棋盘，纵横19条线，361个落子点。对弈双方执黑白二色棋子交替行棋，以所围占区域多者为胜。

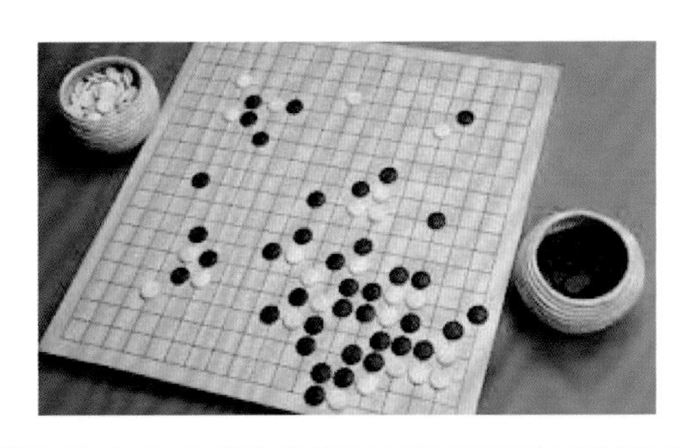

围棋局面千变万化，围棋经典著作《棋经十三篇》中将之称之为“势”。对于人类棋手，围棋高手们往往把对“势”的把握看作是对事物的洞察力和对全局的把控力。因此，围棋经常被神秘化，与攻伐、理政、怡情、处世等高级智慧联系起来。

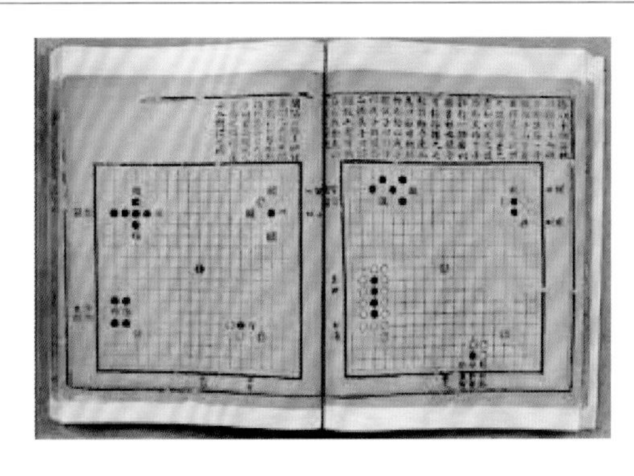

◆ 深蓝能下围棋吗？

1997年IBM的深蓝击败国际象棋冠军卡斯帕罗夫，那么，深蓝能下围棋吗？

我们首先看一看深蓝击败卡斯帕罗夫所用的α－β剪枝算法。这一算法的基本思路是一个极小-极大搜索过程。简单地说，就是从当前棋局往前看几步，努力选择一条“即使对方应对最合理，我依然可以得到高分”的走法，如右图所示。然而，单纯的极小-极大过程速度非常慢（深蓝如果用这一算法，走一步棋要花17年），α－β剪枝算法对此进行了改进，去掉那些不必要的分枝，从而极大提高了搜索效率。

α－β剪枝算法的一个关键步骤是判断几步之后的棋局形势。在国际象棋中，这一判断不是容易的，但对围棋则困难得多。这是因为围棋太过灵活，即便是人类棋手都只能靠直觉来判断，机器就更困难了。基于上述原因，在AlphaGo出现之前，并没有哪一款计算机围棋程序能真正的击败人类顶尖棋手。

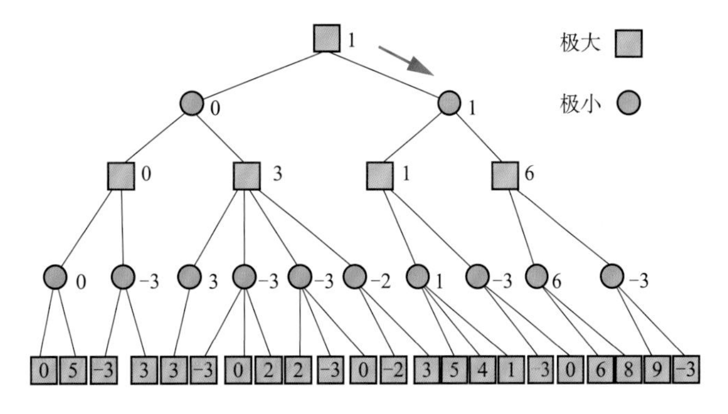

极小-极大搜索过程。方框表示己方走棋，圆圈表示对方走棋，数字代表己方优势，越大越有利于己方，越小越有利于对方。自底向上搜索，对方走棋时选数字最小的路径，己方走棋时选数字最大的路径。在根节点上取值最大的路径即为当前己方应采取的走棋步骤（红箭头方向）。

◆ AlphaGo ☆

2016年，DeepMind的AlphaGo战胜了韩国顶尖棋手李世石，标志人工智能在对弈领域的完胜。在此之后，AlphaGo以Master为名横扫中日韩顶级棋手，无一败绩。2017年，AlphaGo击败中国柯洁九段，此后再无对手，宣布退役。

蒙特卡洛树(MCT)搜索是AlphaGo取得辉煌胜利的最大功臣。围棋对弈中最大的问题是对棋局的评价。MCT采用模拟走棋到终局的方式对棋局进行评估。如右图所示，MCT保持一棵搜索树，经过大量模拟后，每个节点记录的胜率即可作为局面评估的依据。

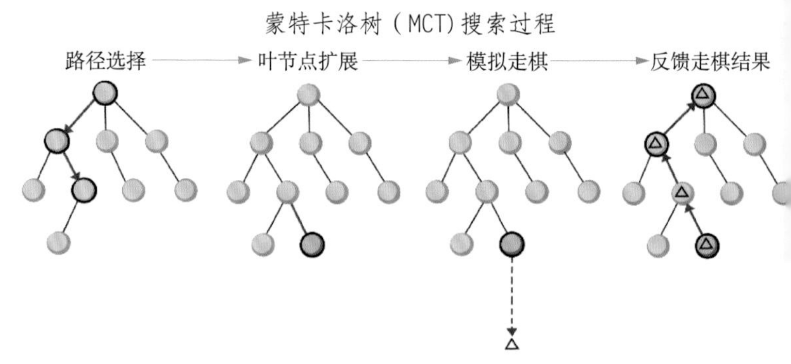

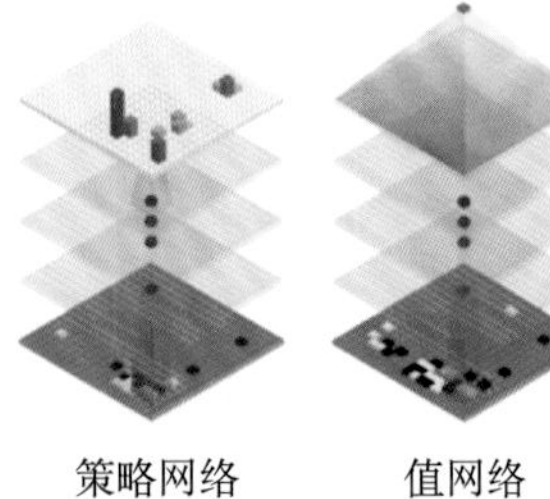

AlphaGo中的策略网络(左)和值网络(右)。策略网络用来预测每个点的落子概率，值网络用来预测棋局的胜负。

深度神经网络是AlphaGo取得成功的另一个重要因素。AlphaGo训练了两个卷积神经网络，这两个网络学习MCT的搜索结果，实现比MCT更直接更快速的棋局评价和走棋决策，同时也帮助MCT提高效率。

最后，自我对弈在AlphaGo的训练和走棋中占有重要分量。自我对弈不仅是MCT模拟走棋的基础，而且可以不断生成新数据，使模型更加强大。

◆ 自学成才的AlphaZero

AlphaGo虽然强大，但还是有人类知识的影子。首先它用到了人类16万盘棋谱，同时也用到了一些人为定义的知识，如什么时候放弃走子。2017年，DeepMind推出AlphaGoZero，完全抛弃了人类知识，通过自我对弈自学成才。同年，DeepMind将AlphaGoZero扩展到AlphaZero，在国际象棋、将棋、围棋等各种棋类对决中完胜对手。

AlphaZero的成功意味着在目标明确的封闭任务中，机器可以通过自我学习找到比人类更好的解决方案。从图灵1947年的国际象棋程序开始到2017年AlphaZero完胜，人们整整研究了70年。

动动脑筋

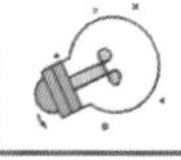

思考一下，与国际象棋相比，围棋困难在什么地方？

有人认为，AlphaZero的成功意味着机器可以靠自学获得超过人的本领，会带来极大风险。说说你的看法。

33 AI 游戏

◆ Atari 游戏

人工智能不仅会下棋，还会打电子游戏。和下棋相比，游戏似乎更复杂一些。右图所示的是一款称为Breakout的游戏，玩家需要左右控制红色托板接住掉下来的小球，使小球反弹回去并打破彩色壁板。打破的壁板越多，得分越高。玩家需要采取有效策略，以获得更高的得分。

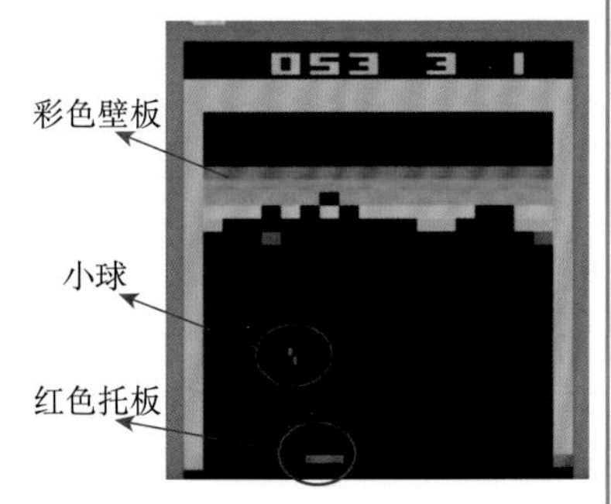

◆ 打游戏 VS 下棋

2015年，DeepMind公司在《自然》杂志上发表论文，称他们的AI算法在29款雅达利(Atari)游戏中战胜了人类玩家。DeepMind的模型是一个用强化学习训练的深度卷积神经网络。如下图所示，游戏画面经过一个卷积神经网络后，直接输出操作杆的操作指令。

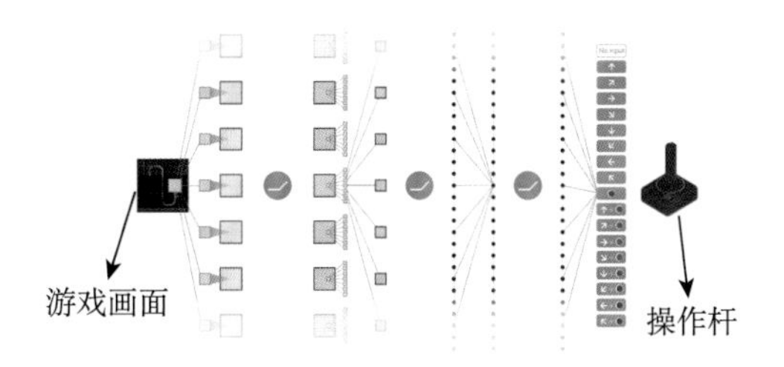

雅达利游戏的深度神经网络，包括两个卷积神经网络层和两个全连接神经网络层，输出层对应17个游戏杆操纵动作。

训练时，将屏幕上显示的得分作为奖励信号，通过调整网络参数，使得该得分越大越好。经过大量训练，机器就可以学会打游戏的技巧。这类似于把游戏机交给一个小孩，让他自己去摸索尝试，最终总能学成高手。

上述学习过程是典型的强化学习，因为学习信号来自于游戏给出的分数。(参考第13节复习强化学习的相关知识。)

机器要学会打这款游戏，首先，必须要学会观察屏幕，包括小球和托板的位置，壁板的破裂情况，屏幕上方的分数等。其次，基于这些观察，机器要生成一个动作来操控游戏杆，使得这些动作串联起来后得到最大的奖励分值。

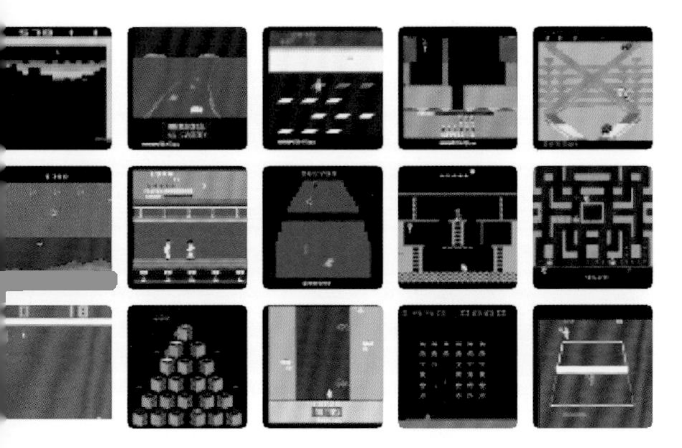

和棋类游戏相比，机器玩游戏最大的困难在于它看到的只是一幅游戏画面，需要自己从画面中分析出当前的游戏状态并采取合理的动作。

雅达利(Atari)公司成立于1972年，是家庭电子游戏的开创者。曾推出《爆破彗星》《太空侵略者》《打砖块》《蒙特祖玛的复仇》《小蜜蜂》等多款经典游戏。

◆ 捉迷藏游戏

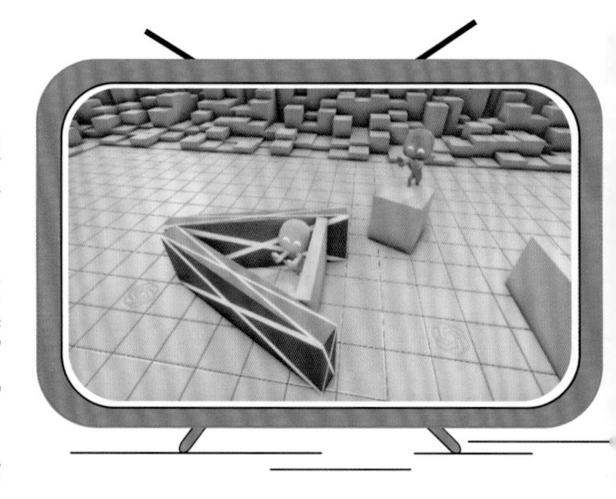

2019年，OpenAI发布了一个会玩捉迷藏游戏的AI程序。如右图所示，虚拟世界有两个小人，一个负责藏，一个负责找。虚拟场景中有一些数字工具，如挡板、箱子等，小人可以利用这些工具辅助自己躲藏或捕捉。设计者给这两个小人足够的自由，唯一的目标是蓝色小人尽量隐藏自己，而红色小人尽量要抓到对方。这是一个标准的对抗游戏。

研究者让两个小人开始游戏，并利用强化学习策略对他们进行训练。在当完成上亿次游戏后，研究者惊奇地发现，这两个小人竟然学会了利用工具。例如，蓝色小人学会了用挡板搭个小室，然后把自己藏在小室的角落里，而红色小人则学会了搭个箱子，站在箱子上发现藏起来的对方。

这一模拟游戏带给人们的震撼不仅是两个小人在短时间内学会了各种技巧，更重要的是它向人们展示了基于一个朴素的生存目标，一个智能体在对抗环境中可能演化到何等高度：它可能创造出新的方法，新的模态，甚至新的工具。如果放到一个真实世界里，AI可能进化出让人惊讶的能力。

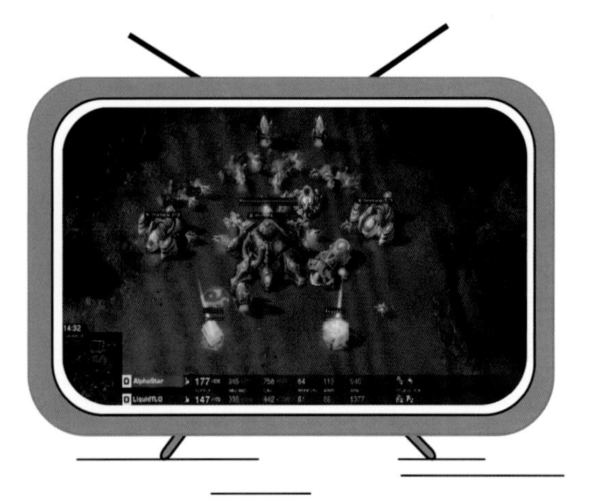

◆ AlphaStar

2019年，DeepMind推出另一项重磅成果：在一款称为StarCraft II的即时策略游戏中，他们研制的AlphaStar AI程序达到了人类专业玩家水平。和AlphaGo类似，AlphaStar首先从人类玩家的历史数据中学习一个初始模型，再通过自我对战进行强化学习。

与围棋游戏不同，StarCraft中每个玩家只能看到部分信息，而每个玩家可能采取的策略千变万化，是真正的开放环境。AlphaStar的成功，证明AI智能体不仅可以学习简单的个体策略，还可以学习复杂的群体策略。

动动脑筋

强化学习在Atari AI游戏程序中扮演重要角色，而这一学习方法也是众多AI游戏的基础。讨论一下，为什么用强化学习可以训练AI游戏？

目前机器学习已经在射击类、赛车类、策略类游戏上取得了很大成功。讨论一下，你觉得这些方法在现实中可能有哪些应用？

34 扫地机器人

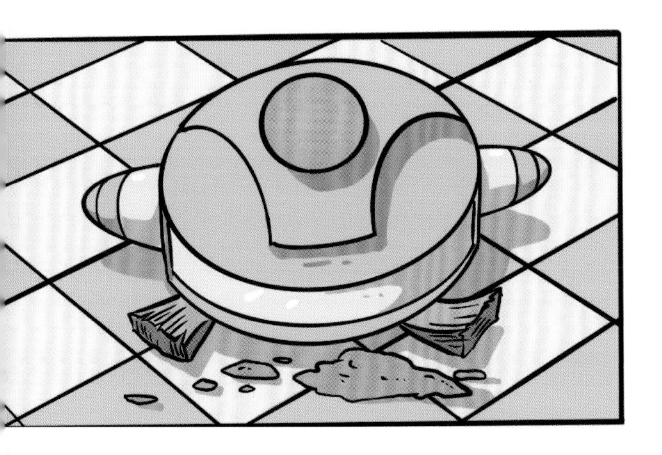

◆ 机器人

机器人是人类改造自然的利器。今天，无数机器人在太空探索、火场救援、疾病诊疗等各个领域大显身手。

人们通常将人工智能与机器人直接关联起来。事实上绝大多数现有机器人都是按人类编排好的指令在做事，真正具有较高智商的机器人并不多。

扫地机器人可能是生活中最常见的机器人。本节将讨论扫地机器人的工作原理。

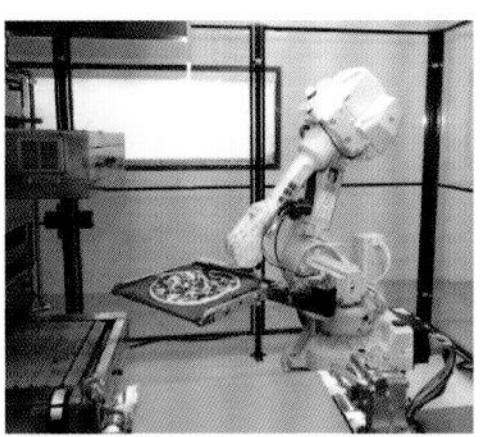

◆ 扫地机器人

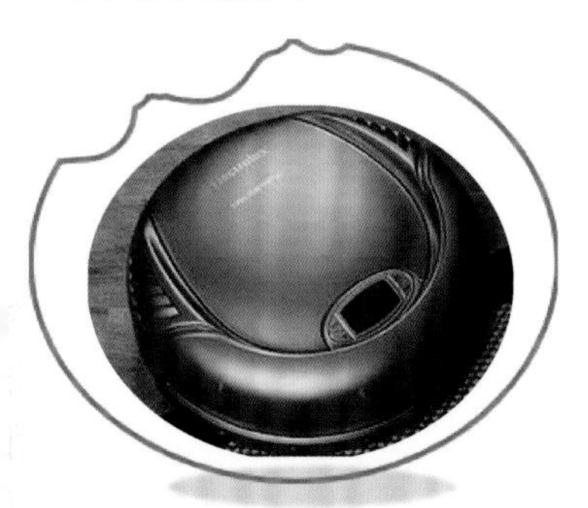

1996年，伊莱克斯发布的三叶虫扫地机器人是最早的扫地机器人。

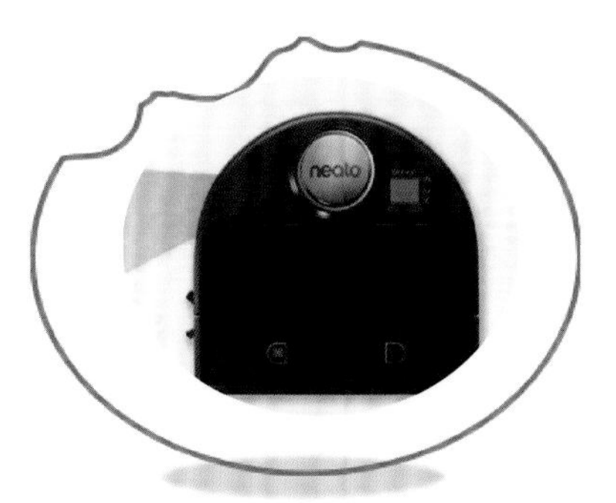

2010年，Neato发布Neato XV-11激光测距扫地机器人，具有行进定位和路径规划能力。

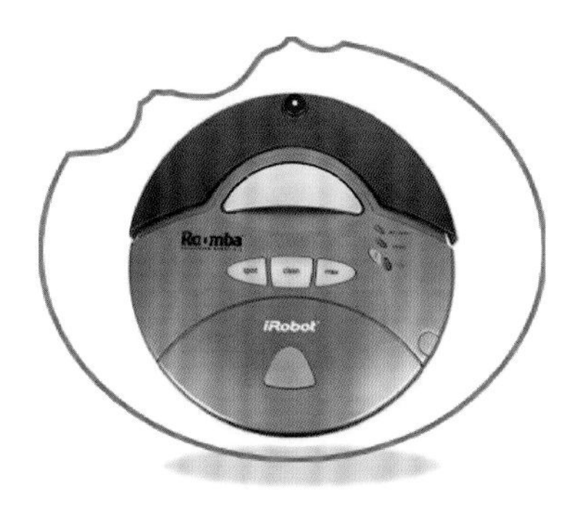

2002年，iRobot家用扫地机器人Roomba，基于螺旋行进和遇障改变方向实现路径选择。

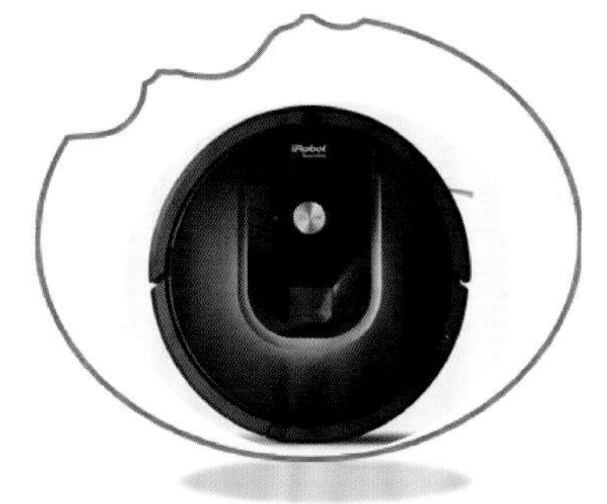

2015年，iRobot推出带摄像头的扫地机器人Roomba 980，具有视觉定位能力。

◆ 路径规划

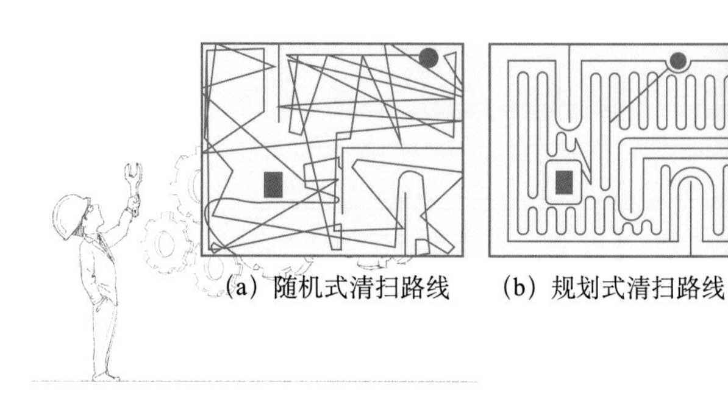

早期扫地机器人多采用随机碰撞的方式来选择清扫路线。如右图(a)所示，机器人从一个位置开始行动，碰到障碍物后以一个随机的角度转向，往新方向继续清扫。显然，这种随机清扫方式效率较低，如果房间较大，障碍物较多，机器人行动起来会很困难，还有可能被堵在一个角落里转不出来。

2010年后的新款扫地机器人多装有激光测距仪，通过向周围发射激光并接收反射来判断障碍物的方向和远近，以便及时避障。更重要的是，基于这些反射光信息，机器人不仅可以“看”到障碍物，还能同时建立环境地图，并确认自己在图中的位置，这一算法称为SLAM算法(算法细节见第34节)。有了SLAM算法，就可以构造出环境地图，也就可以在清扫开始前规划好路线，如上图(b)所示。

新一代机器人不仅装有激光测距仪，还装上了可见光摄像头。摄像头对周围环境的感知比激光更加精确，对路径的规划也更加合理。

◆ 地图构建与定位

SLAM算法示意图，机器人通过探索逐渐扩展出环境地图。

扫地机器人进入一个新环境后，对这个环境一无所知，如何开始工作呢？常用的办法是给它装上一个传感器(如激光雷达、摄像头)，让它能感知周围的环境。

有了这个传感器，机器人就可以观察周围场景并构造出局部地图，同时在图中定位自身的位置。有了局部地图后，机器人可以向未知的地方继续探索，同步扩展地图的覆盖区域，直到整个环境探索完成。这一方法称为同步定位与地图构建算法(simultaneous localization and mapping，SLAM)。

这类似于一个处于陌生环境中的探险者，开始对这个环境一无所知，但他有眼睛，可以观察，一边走一边把环境探索出来，并在脑海里形成地图。

动动脑筋

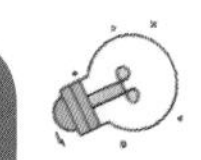

你认识72页中的几个机器人吗？你觉得哪个机器人更智能一些？

为什么基于SLAM算法做路径规划的机器人比随机碰撞的机器人清扫效率更高？

查找资料，看看SLAM算法还可以应用在哪些场景？并给你的同组同学讲一讲这些有趣的应用。

35 搜索引擎

◆ 什么是搜索引擎

互联网上有海量资源，而且每天在以惊人的速度增长，没有谁能记得住自己想要的资源在什么地方。这就像一个宝藏丰富的大陆缺少藏宝地图，资源再多也没有意义。搜索引擎就是这个藏宝地图，它能帮助我们快速找到想要的资源。

最早的搜索引擎可能是1990年的Archie系统，这一系统是针对 FTP服务资源的搜索器。1993年，第一个面向网页的搜索引擎World Wide Web Wanderer出现。1996年，拉里·佩奇与谢尔盖·布林在斯坦福大学开始名为BackRub的研究项目，这一项目成为谷歌的前身。1998年，谷歌公司正式成立，成为搜索界乃至整个互联网时代毫无悬念的霸主。2000年，百度公司作为技术提供商上线，并很快成为国内搜索引擎的龙头。

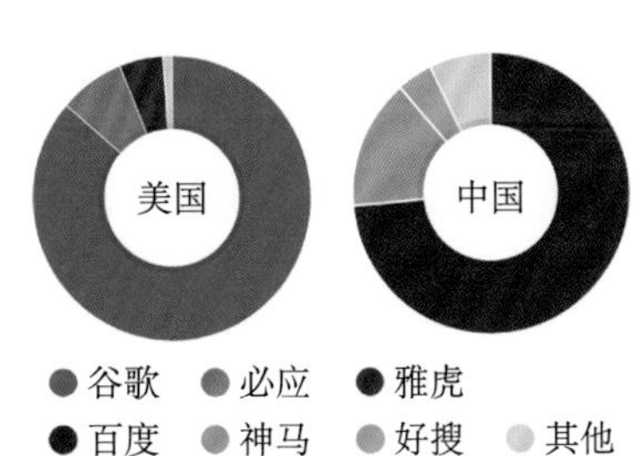

2018年美国（左）和中国（右）搜索引擎市场份额。

图片来源：Statista 2018

◆ 搜索引擎的基本原理：倒排索引☆

搜索引擎要解决的首要问题是如何在海量文档中搜索到相关内容。例如，我们想要搜索和“谷歌地图”相关的文档。最直观的做法是把网上的文章一篇篇拿过来检查一下，看看是否包含“谷歌”和“地图”这两个词。这种做法显然太慢了，而且随着网上文档数量的增多，搜索的速度会越来越慢。

为此，人们提出了一种称为“倒排索引”的方案，具体如下：

（1）确定一批关键词，如“谷歌”“地图”“之父”等，为每个关键词建立一个空的索引项，称为倒排索引。

（2）离线处理每一篇文章，如果它包含某个关键词，则把这篇文章加入该关键词的倒排索引中。这样处理完成后，每个关键词的倒排索引中就包含了所有与之相关的文档。下图是用5篇文档生成的一个倒排索引表。

（3）处理搜索请求时，如“谷歌创始人”，先查找“谷歌”和“创始人”的倒排索引，再找到各自对应的文档。如果某个文档在两个关键词的倒排索引中都存在（如本例中的文档3），则该文档可以认为与搜索请求相关。

单词ID	单词	倒排索引
1	谷歌	1,2,3,4,5
2	地图	1,2,3,4,5
3	之父	1,2,4,5
4	跳槽	1,4
5	Facebook	1,2,3,4,5
6	加盟	2,3,5
7	创始人	3
8	拉斯	3,5
9	离开	3
10	与	4
11	Wave	4
12	项目	4
13	取消	4
14	有关	4
15	社交	5
16	网站	5

◆ 网页重要性评价

除了能搜索到相关网页，搜索引擎还需要对网页进行排序，否则很难给用户合理的反馈。那么，搜索引擎如何判断一个网页的重要性呢？比较直观的做法是基于网页的属性进行判断，如搜索词是否在标题中，是否在文中被加重，是否在句首等。

另一种方式是基于网页间的链接来判断网页的重要性。我们知道一个网页中往往会有一些超链接，用户点击这些链接会指向其他网页。如果一个网页被很多网页链接，那么有理由相信该网页比较重要。

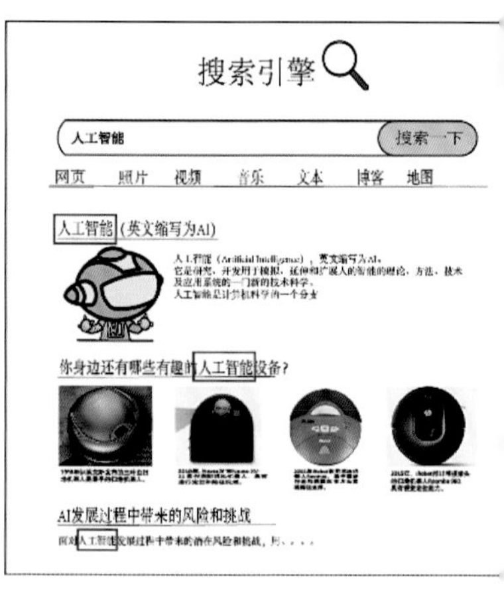

如果搜索词在文档标题中，则该文档更加重要

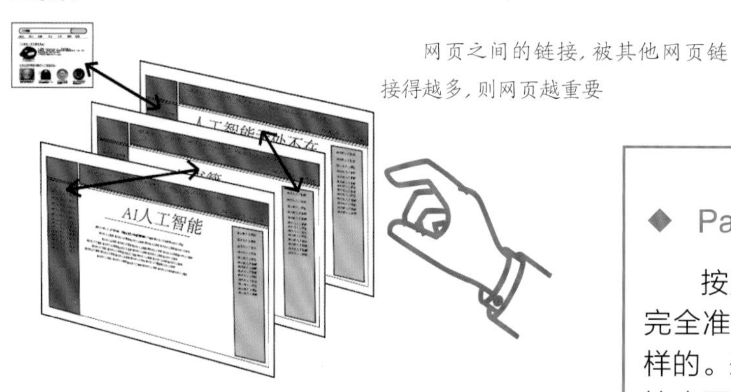

网页之间的链接，被其他网页链接得越多，则网页越重要

◆ PageRank 算法

按照外部链接的个数来判断网页重要性并不完全准确，因为不同的链接本身的重要性是不一样的。来自重要网页的链接比来自普通网页的链接应更受重视。换言之，如果当前网页被某个重要网页链接，说明这个网页自身也是重要的。基于这一思路，在计算网页重要性时可以将链接的重要性考虑在内，使得重要性的计算更合理。

谷歌的PageRank算法实现了这一思路。初始时，所有网页的重要性都是一样的，但每个网页都会向它链出的网页发送信息，网页根据它所接收的信息多少更新自身的重要性。如果一个网页被很多网页链接，它会收到更多信息，重要性也会增加。这样循环迭代更新，最后达到稳定状态时，每个网页的重要性就可以计算出来了。

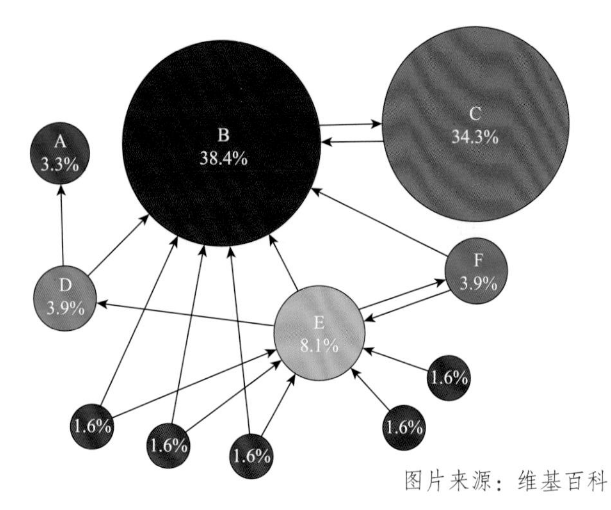

图片来源：维基百科

PageRank算法示意图。每个节点表示一个网页，节点间的连接表示网页的链接，节点大小表示网页重要性。PageRank算法在节点间传递信息并更新网页重要性。

动动脑筋

在“倒排索引”小节中所示的倒排索引表，如果搜索“谷歌之父”，则应匹配的文档是哪些？如果搜索“社交网站项目”呢？

PageRank算法不仅可以评价网页重要性，还有很多其他应用。比如有人提出用这一算法计算社交网络上“大V”的影响力，你觉得是否可行？讨论一下实现方法。

光影彩蛋

36 商品推荐

◆ 推荐算法

在浏览网上商店时，网站会给用户推荐一些可能感兴趣的商品，刺激用户消费。刷抖音和头条等视频和资讯网站时，系统会自动把一条条内容推荐给用户，不需要用户去搜索。在浏览微博时，用户也会不时收到推荐的消息或博主。这些功能背后的算法都是类似的，称为推荐算法。

推荐是继搜索之后的另一种信息呈现方式。与搜索引擎需要用户主动提出搜索请求不同，推荐算法不需要用户做出搜索行为，而是通过分析用户行为，“猜”出用户的喜好并推荐相应的产品、资讯以及好友。

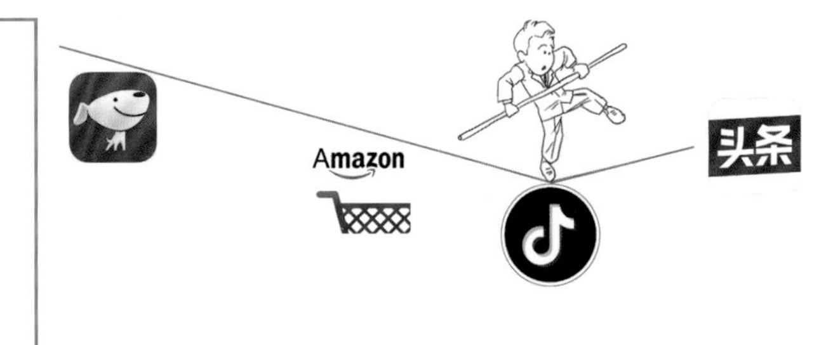

◆ 基础推荐算法

推荐算法的基本思想是利用物品或用户之间的相似性。例如，系统发现手机和无线耳机都是电子产品，二者具有相似性。当用户买了一部手机时，系统便会把无线耳机推荐给用户。

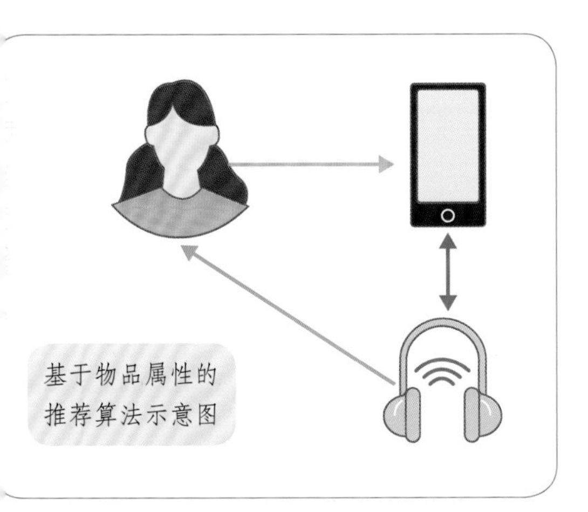
基于物品属性的推荐算法示意图

再比如，系统发现A、B两个人购买了同样的T恤、裤子、帽子，于是认为这两个人具有相似性，有相同的购买习惯。因此，当A又购买了一双皮鞋时，系统认为B很可能也喜欢这类皮鞋，因此把皮鞋的信息推荐给他。

这种基于用户行为来判断用户或物品相似性的方法称为“协同过滤”，广泛应用于各种推荐系统中。

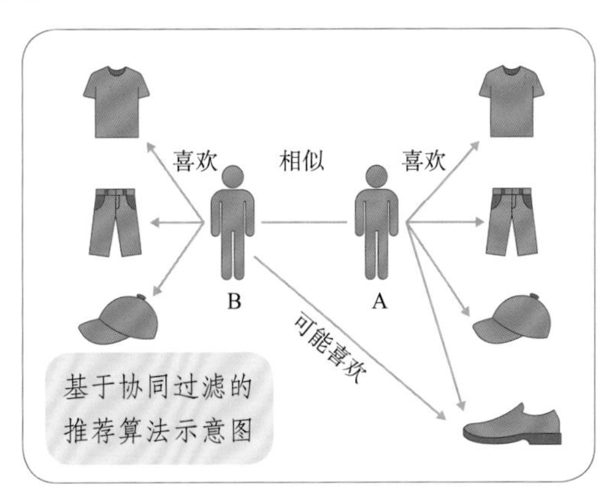

基于协同过滤的推荐算法示意图

◆ 基于神经网络的推荐方法

近年来，随着深度学习技术的发展，基于神经网络的推荐算法受到广泛关注。总体来说，这种方法的基本思路是“对象嵌入”（详见第18节），即将物品和用户映射成为固定维度的连续向量，在这一向量空间中判断物品之间和用户之间的相似性。

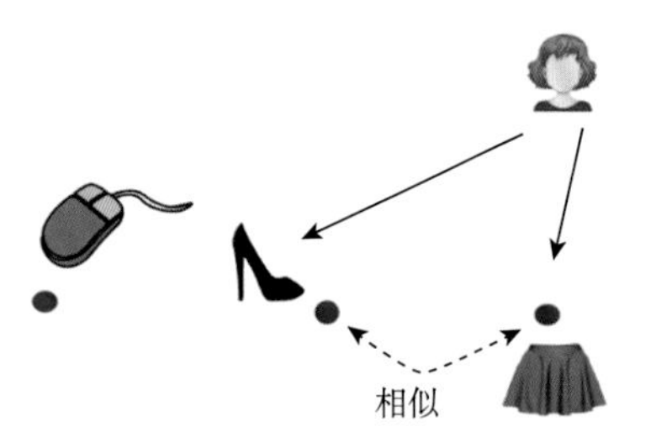

上图展示了一个简单的物品嵌入模型。这一模型将用户的购物记录作为知识源，如果同一个用户购买了两件商品（如高跟鞋和裙子），则认为这两件商品是相似的，并在向量空间中拉近它们的距离。

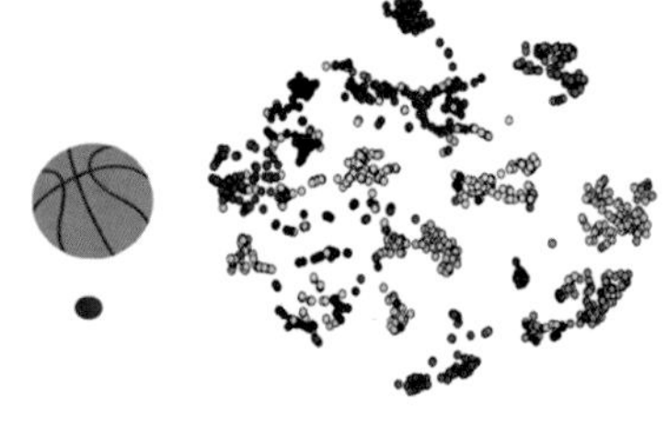

学习完成后，即可得到物品向量，如上图所示。其中，不同颜色代表不同的物品种类。可以看到，同类物品被嵌入到近邻空间中。

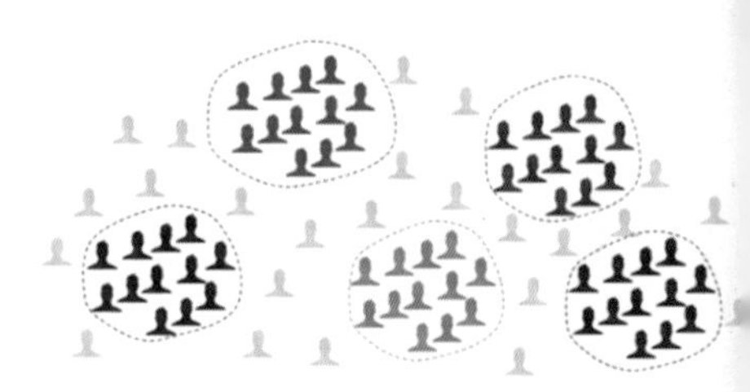

有了物品向量，将一个用户历史上所购买的所有物品对应的物品向量做平均，即可得到该用户的用户向量。基于该用户向量，不仅可以计算用户与用户之间的相似性，还可以对用户进行聚类，把他们划分成不同类型的客户群。有了这些信息，就可以对不同人群有针对性地设计推荐策略。

◆ 推荐方法的社会争议

推荐算法极大降低了用户索取信息的时间成本，同时也有利于打破信息垄断。麻省理工学院（MIT）在2021年发布的十大突破技术中指出，“TikTok推荐算法能够使普通人发表的内容有机会受到名人般的关注并流行起来，这是内容公平性的体现；而需求较为小众、细分的用户，也能看到符合自己兴趣的内容，则是用户角度公平性的体现”。

然而，高精度推荐算法所引发的社会问题也越来越受到关注。一方面，推荐算法所收集的用户行为数据可能被用作不道德行为。例如，有的商家对高黏着度用户开出更高的价格，利用他们的忠诚度谋取利益。另一方面，推荐算法可能引起信息茧房问题：当机器努力去迎合人的趣味和意见时，用户只能看到让自己满意的信息，可能成为极端观点的温床。

动动脑筋

有商家利用用户的购买信息给用户“画像”，对那些经常购买奢侈品的用户报更高的价格。商家认为，只要是明码标价就是合理的。说说你的看法。

在强大的新闻推荐系统面前，机器对每个人的观点都了如指掌，并投其所好推荐同他/她观点一致的信息，使用户接触的信息越来越单一，这种现象称为“信息茧房”。你觉得自己处在信息茧房中吗？如果在，应该如何破茧？

第四篇

人工智能前沿

37 破解蛋白质结构之谜

◆ 蛋白质的组成、结构和功能

如此神奇的蛋白质，它的基本组成却非常简单，主要包含我们所熟知的C（碳）、H（氢）、O（氧）、N（氮）四种元素。根据功能的不同，一些蛋白质可能还会包含少量的P（磷）、S（硫）、Fe（铁）、Zn（锌）等微量元素。目前地球上已知的元素有一百多种，组成蛋白质的元素不到总量的十分之一。

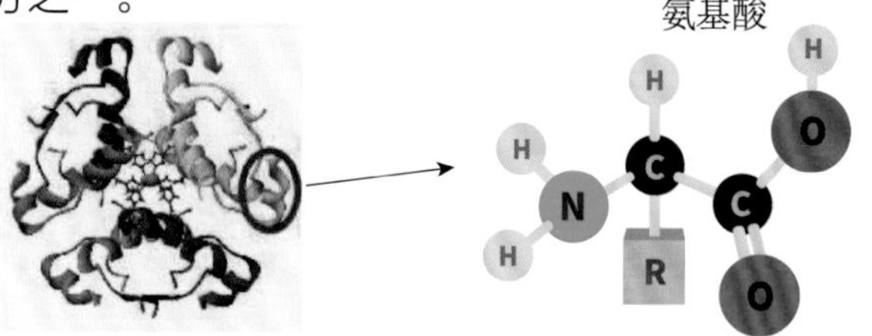

◆ 蛋白质的重要性

蛋白质是一种有机大分子，也是构成生物组胞的重要组成部分。以我们人体为例，皮肤、肌肉、骨骼、神经、血液等重要组织均是由蛋白质组成的，它约占人体重量的16%~20%。

从功能上讲，蛋白质对于维持生命体的正常生命活动具有十分重要的意义。例如血红蛋白能够帮助我们的呼吸系统运输氧气；免疫蛋白可以帮助我们抵御细菌和病毒的入侵；酶蛋白可以帮助我们消化食物；视锥蛋白可以让我们的眼睛看到世界万物。可以说，蛋白质是生命活动的主要承担者，没有蛋白质就没有生命。

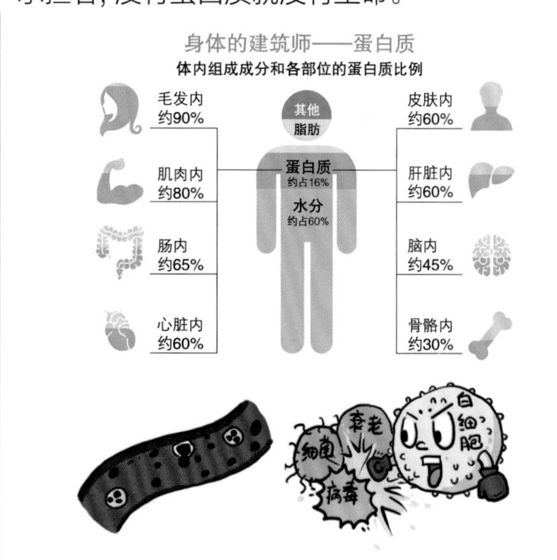

虽然蛋白质的组成非常简单，结构却很复杂，而这些复杂的结构决定了蛋白质的功能。例如，鸡蛋煮熟了会凝固，是因为其中的蛋白质结构发生了变化。因此，要理解蛋白质的功能，需要对蛋白质的结构进行解析。

然而，蛋白质的结构解析异常困难，这是因为蛋白质是由一类称为氨基酸的小分子化合物组成的，这些分子在空间中经过排列折叠，会形成非常复杂的结构。因此，氨基酸的数量可能很有限，但它们折叠出的空间构象却是种类繁多，让科学家们望洋兴叹！

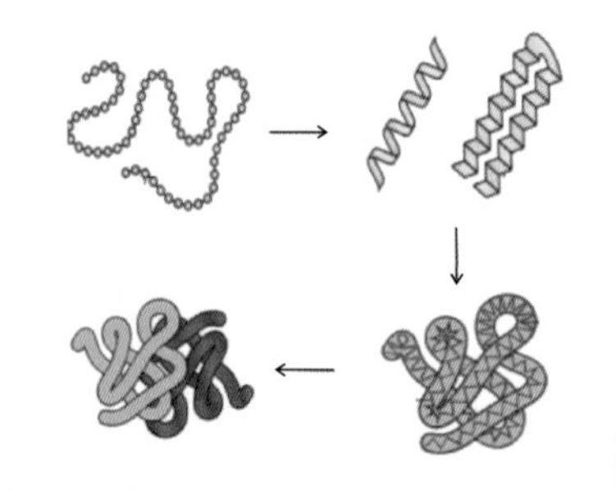
由氨基酸序列折叠成蛋白质分子的过程

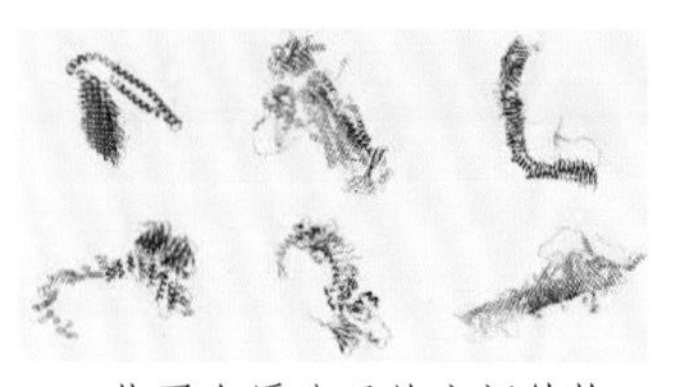
一些蛋白质分子的空间结构

为了解析蛋白质结构，科学家们可谓是费了九牛二虎之力，动用了全世界最为先进的科技手段，包括核磁共振仪、X射线、冷冻电镜等。这些设备不仅极其昂贵，而且操作复杂，耗时耗力。经过半个多世纪的努力，人们已经确定了17万种蛋白质的结构，但是还有两亿种已知蛋白质等待检测。

安芬森理论和蛋白质结构预测

1972年，诺贝尔化学奖得主克里斯蒂安·安芬森提出了一个理论："至少对于小球状蛋白来说，其固有结构仅由蛋白质的氨基酸序列决定。"

安芬森的研究理论非常重要。由于蛋白质的氨基酸序列是很容易得到的，如果通过氨基酸序列可以决定蛋白质结构，那么就可以将氨基酸序列作为一把钥匙，通过它来预测蛋白质的原生结构，从而打开蛋白质结构这把锁。

然而，实现这一预测并不容易，因为不论是氨基酸序列的折叠过程还是最后形成的蛋白质结构都非常复杂。

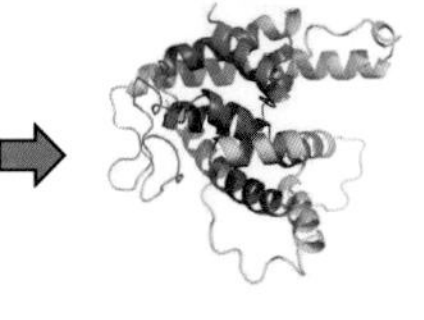

氨基酸序列　　蛋白质3D结构

AlphaFold

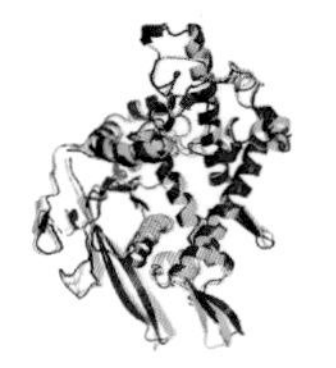

T1037/6vr4　90.7GDT　　T1049/6y4f　93.3 GDT

AlphaFold2预测的两个蛋白质分子，其中绿色表示实验测量结果，蓝色表示AlphaFold2的计算结果。

2018年，DeepMind的研究者们开始探索用氨基酸序列预测蛋白质结构的可能性。在前人工作的基础上，他们开发出了第1代系统，称为AlphaFold1，达到了当时最好的精度，但距离实用还有一些差距。研究团队再接再厉，2020年，AlphaFold2横空出世，将预测误差一举降低到1.6埃，相当于一个原子的尺度，达到了实用精度。

安芬森的理论被证明了，困扰人类50年的难题得到了解决。现在科学家们在电脑前输入一个氨基酸序列就可以得到一个蛋白质的结构。有了这些结构信息，人们就可以深入了解这些蛋白质的特性，从而为生命科学的研究铺平了道路。

解析蛋白质宇宙

2022年7月，DeepMind宣布他们已经完成了对两亿种蛋白质的结构预测，覆盖了动物、植物、细菌、真菌等上百万个物种，几乎囊括了人类目前能接触到的所有蛋白质。

DeepMind将这些预测结果发布到在线AlphaFold数据库中，供研究者免费使用。目前，来自190多个国家的50多万名研究者将AlphaFold作为他们的日常工作平台。生物学家们正在利用AlphaFold数据库设计药物，探究疾病的致病机理，甚至理解生命活动本身的奥秘。

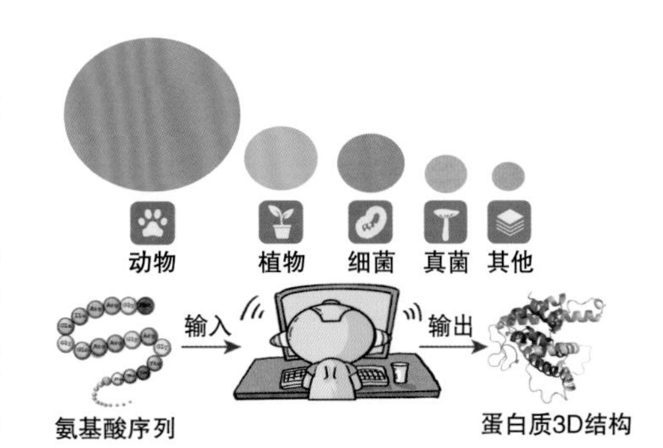

动动脑筋

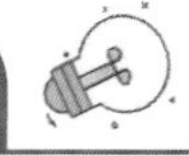

回顾安芬森关于蛋白质折叠的理论，讨论一下这个理论的核心是什么？为什么说这一理论非常重要？

《自然》杂志介绍AlphaFold2时激动地表示："所有事情将为之改变。"为什么这一成果获得了如此高的评价？谈谈你的看法。

38 重构材料微观三维结构

◆ 微观结构的重要性：金属疲劳

我们生活中会接触到各种材料，每种材料有其各自的属性。一般来说，材料的物理属性不仅取决于其分子组成，而且受到其微观结构的强烈影响。

例如，金属的微观缺陷会让飞机翅膀变得容易疲劳，严重情况下甚至会引发机翼断裂造成空难事故。因此科学家们需要通过显微镜来观察金属的结构变化，以分析可能的微观缺陷，并评估这些缺陷对宏观金属性能的影响，从而避免飞机飞行中可能出现的各种意外情况。下图是金属处于疲劳状态下可能发生的结构改变。

◆ 三维微观结构重构

材料的微观结构对我们认知材料属性、判断材料健康状态乃至设计新材料都具有重要意义。例如，如果能够快速了解飞机翅膀的微观结构，就可以判断是否有断裂风险，防范空难事故；如果能够了解纳米金材料的微观结构，就可以设计更有效的药物。

然而，我们通常观察到的只是材料表面的二维结构，无法形成对物质结构的整体认知。如果能从二维图像中重构出三维结构，将为物理学家提供极大便利。

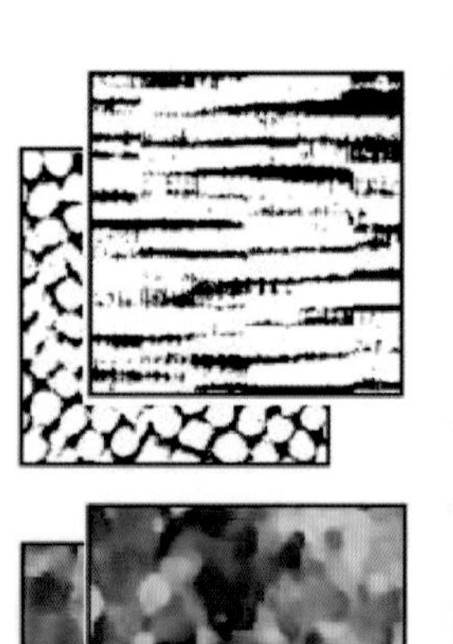

物质的二维切面与三维结构

◆ 微观结构的重要性：金纳米颗粒

纳米材料是通过设计不同的微观结构来实现功能的。例如，有科学家通过特殊工艺制备出了纳米级的金颗粒，他们发现同样是金元素，这些具有纳米级微观结构的金颗粒展现出了许多新奇的特性，例如生物相容性、低细胞毒性、光学特性等。基于这些特性，生物学家甚至开发出了全新的癌症治疗方法，用纳米金颗粒运送抗癌药物到癌细胞内部，直接杀死癌细胞。

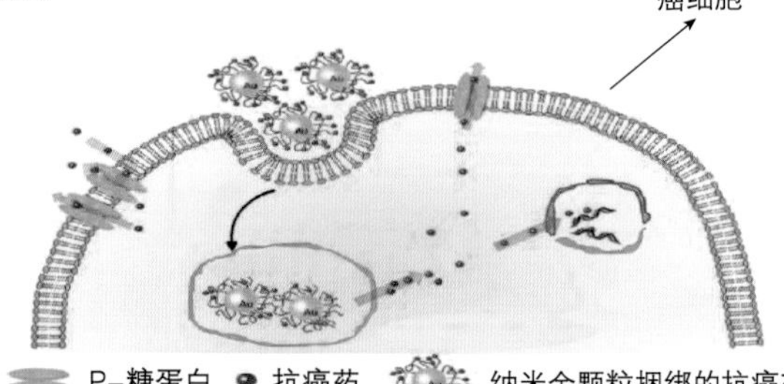

纳米金颗粒将抗癌药物运送到癌细胞内部

◆ AI三维重构☆

2021年4月,《自然-机器智能》杂志发表了一篇有趣的论文,文章作者提出了一种称为SliceGAN
的深度学习模型,可以利用相对容易获取的二维图片来重构物质的三维微观结构。它的基本原理与我
们前面介绍过的对抗生成网络(GAN)模型是一样的(参考第18节)。

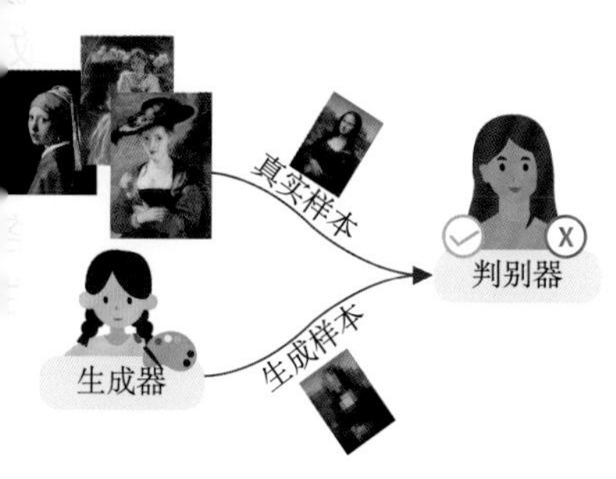

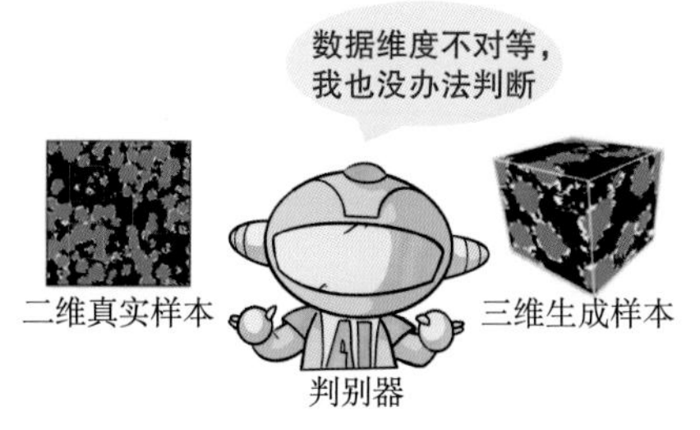

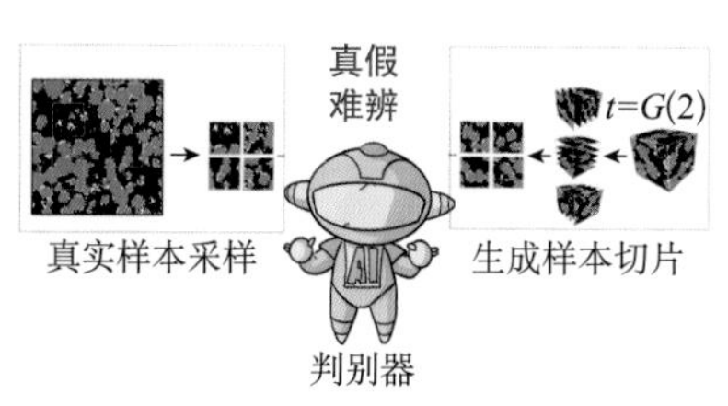

GAN模型包括一个生成器和一个判别器,生成器用来生成样本,判别器用来区分真实样本和生成样本。在模型训练时,判别器的目的是尽可能将生成样本从真实样本中区分出来。生成器的目的是生成更加真实的样本,以骗过判别器,让它无法区分。这一训练过程将同步提高生成器和判别器的能力,最终生成真假难辨的逼真图片。

SliceGAN具有和GAN同样的特性,只不过它的目的是生成三维结构,但实际能观察到的数据是二维的。这意味着判别器要用二维的真实数据和三维的生成样本做对比,显然存在维度不匹配的问题。

SliceGAN采用了一个聪明的办法:它将生成器生成的三维样本进行切片,这样就能够得到一组二维的图片。判别器用这些二维"切片图"和真实的二维图片进行对比,就可以间接评判生成的三维结构是否合理了。生成器基于这一评判不断改进其模型参数,直到判别器对生成的切片图和真实的二维图片难辨真伪时,就可以认为生成器生成了正确的三维微观结构图。

◆ 重建结果

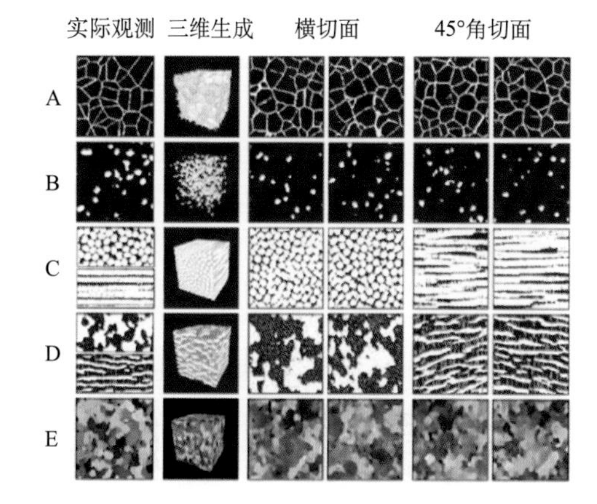

右图是SliceGAN应用在各种材料上的实验结果,其中每一行是一种材料。第一列是真实的二维图像,第二列是重构出的三维结构,后面几列是从三维结构中切片出的二维图像。

可以看到,重构出的三维结构可以很好地代表材料的实际结构。值得说明的是,如果材料的结构不是均匀的,则需要在多个方向进行二维切片才能得到合理的三维结构,如C、D行所示。

动动脑筋

猜测一下,木头的微观结构和金属的是一样的吗?不同金属的微观结构呢?查找资料,看看你的猜测是否正确。

标准GAN模型为什么无法直接用于三维微观结构重建?和标准GAN模型相比,SliceGAN做了哪些特别的设计?

39 预测化学反应类别

◆ 化学反应的类别

化学反应是不同分子间的原子发生重组的过程。为了掌握化学反应的规律，科学家们对化学反应进行了分类，例如我们熟知的化合反应、分解反应等基础反应类型。有机化学反应可以精确到更细化的反应类型，例如硝化反应、卤化反应、氨化反应等。

不同反应类型具有不同的特性，如果能对化学反应的类型有清楚的认识，可以极大提高对反应条件和反应过程的理解。

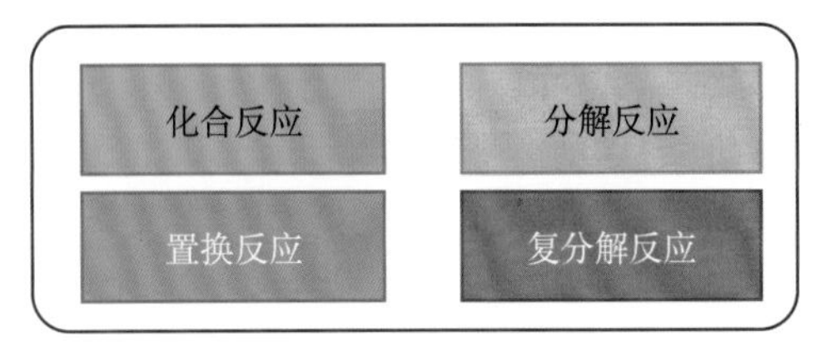

四种基础化学反应类型

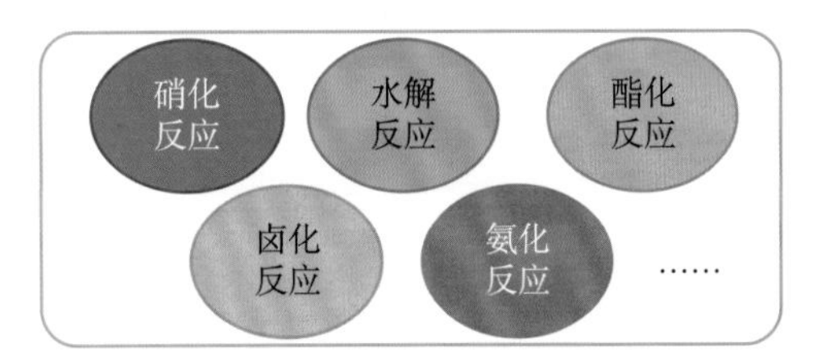

若干典型的有机化学反应类型

◆ 无处不在的化学反应

化学反应的重要性不言而喻，我们身边无时无刻都有化学反应在发生。小到你的每一次呼吸，大到火山喷发，都伴随着大量的化学反应。

随着科技的发展，化学反应也越来越多地影响着我们的生活。20世纪初合成氨技术的出现让我们走出了靠天吃饭的第一步；2021年中国科学院在国际上首次实现了用二氧化碳合成淀粉，让人类看到了彻底解决饥饿问题的希望。

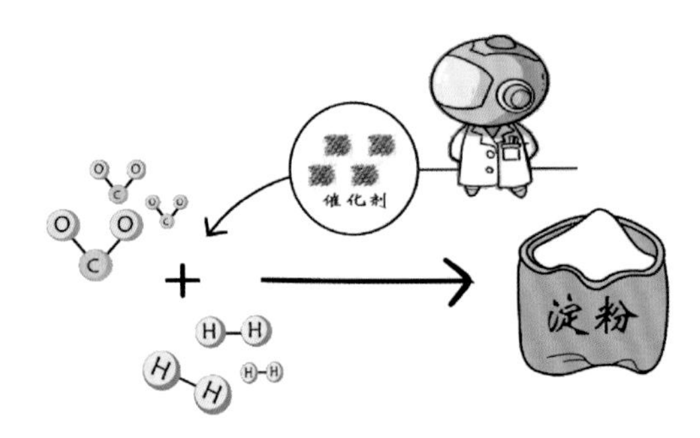

二氧化碳生成淀粉的过程

◆ 扑朔迷离的化学反应

化学反应虽然就在我们身边，但是大多数反应过程都非常复杂，科学家们要理解和掌握它们并不容易。以氨气合成为例，合成它的原材料看起来非常简单，反应过程也很直接，然而，从氨气首次被人们发现到实现高效的工业化量产足足经历了一个多世纪的时间。

科学家们为了合成氨气可谓是手段尽出，包括高压电弧、催化剂、高温加热等，最后均以失败告终。科学家们甚至一度以为氨的直接合成是不可能的。直到20世纪初，德国化学家通过理论计算才最终找到了氨的高效合成路径，实现了工业化量产。

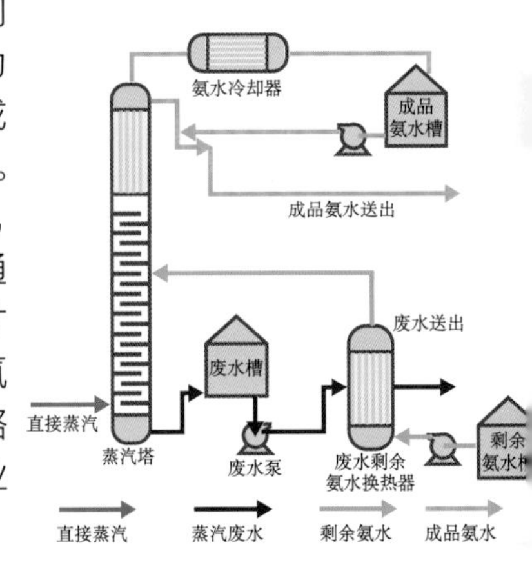

◆ BERT 模型与化学反应方程序列化☆

2021年IBM和伯尔尼大学的研究人员在《自然-机器智能》杂志上发表了他们的最新研究成果，利用一种称为BERT的深度神经网络，成功实现了对化学反应的分类。

BERT常用于自然语言处理领域。它基于一种称为Transformer的网络结构（参考第28节），可以将一句话总结成一个向量。这一向量包括句子的全部信息。基于这一向量，可以训练一个分类器，实现对句子的分类。

CN(C)c1cccc([N+](=O)[O−])c1C#N.CO.Cl.[Fe]>>CN(C)c1cccc(N)c1C#N

将化学反应方程转化为SMILES符号序列。注意反应符号“→”被转化成“>>”。

为了将BERT模型应用于化学反应分类，首先需要将化学反应方程转化成一个类似句子符号序列。这件事并不那么容易，因为很多化学分子是平面的甚至是三维的，很难表示成一个一维的序列。为此，科学家们设计了一种称为SMILES的格式，专门用来对化学反应方程进行序列化。这相当于设计了一种专门用于描述化学反应的符号语言，有了这门语言，就可以像处理人类语言那样来处理化学反应了。

◆ 基于 BERT 的化学反应分类☆

右图是基于BERT的化学反应分类流程图。首先将化学反应方程写成SMILES格式，将该符号串输入到BERT模型得到一个代表向量，将这一向量与已知化学反应的代表向量做对比，参考与它最相近的几个化学反应的类型即可判断出该反应的类型。

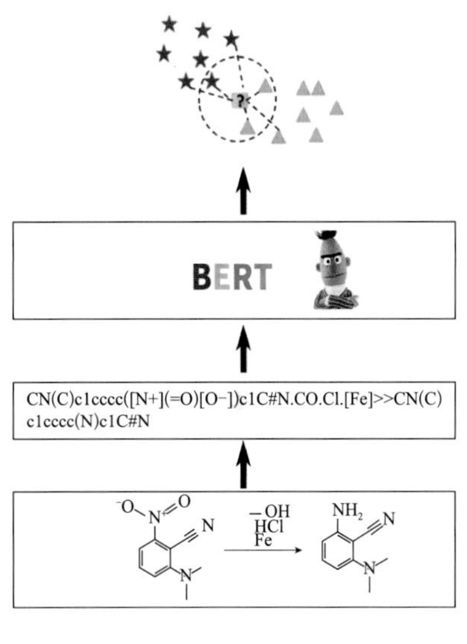

研究人员在一个包含792类、13.2万个化学反应的数据集上做了测试，发现分类准确率可达到98.2%，而此前的准确率只有41.0%。不仅如此，这一模型还可以发现对分类影响最大的成分，如下图的蓝色和绿色阴影部分所示。

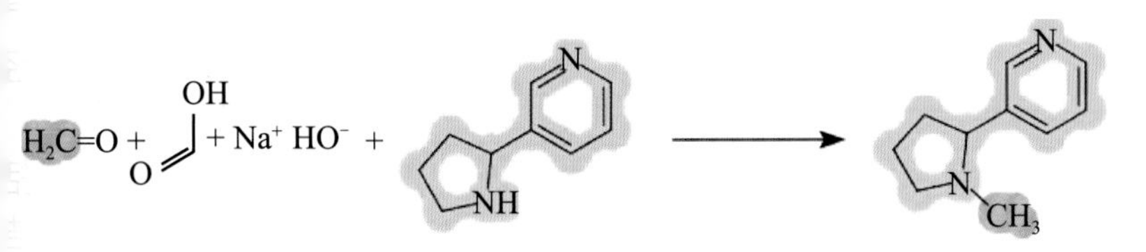

动动脑筋

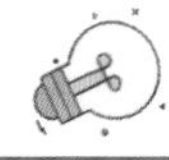

思考一下，下面哪些生活现象包含化学反应？①天上下雨地上变湿；②水加热冒出水蒸气；③油过热发生燃烧；④铁放久了生锈。

化学反应能否成功，很多时候需要实验验证才能判断，这会耗费大量时间和材料。如果用BERT模型可以预测化学成功的可能性，将给化学家们带来很大帮助。讨论一下，这种方法是否可行？如果可行，应该如何做？（☆）

40 生物拟态证据

◆ 生物拟态

物种在进化过程中，会模仿其他生物，以增加自身的生存优势。例如，捕猎者会把自己伪装成和周围环境类似的样子，悄悄接近猎物；被捕食者也会把自己伪装成一片树叶或一段树枝，让天敌难以发现；更有狡猾的捕猎者将自己变成"香甜可口"的样子，引诱受害者靠近。

拟态现象在生物界很普遍，有纪录显示，从昆虫、鱼类、两栖类到植物甚至是真菌都懂得使用拟态。

◆ 贝氏拟态与穆氏拟态

贝氏拟态：1862年，英国生物学家亨利·沃尔特·贝兹发现，亚马逊河的粉蝶会模仿有毒蝴蝶的颜色和花纹，保护自己免于被捕食。这种拟态称为贝氏拟态。显然，贝氏拟态只是某一方面的模仿。

穆氏拟态：1878年，德国自然学家弗里茨·穆勒提出了另一种拟态理论，认为生活在同一个地区的某些物种会互相学习，从而实现更好的协同进化。这种协同进化的一个表现形式就是互相模仿，称为穆氏拟态。和贝氏拟态相比，穆氏拟态不是简单模仿，而是"真心"互相学习，共同进化。例如，毒蛇之间可以通过协同进化出相似的条纹，放大对捕猎者的警告信号；当捕猎者知道某一类蛇有毒以后，会放弃对具有相似条纹的其他毒蛇的捕猎。

贝氏拟态和穆氏拟态：中间一幅图是带刺的黄蜂，有尾针可以伤敌。左边一幅图是食蚜蝇，不带刺，但模仿黄蜂的斑纹以警告捕食者，是一种贝氏拟态。右边一幅图是蜜蜂，也有刺，和黄蜂一起协同进化出斑纹，是一种穆氏拟态。(来源：维基百科)

不带刺的食蚜蝇学黄蜂进化出斑纹

带刺的黄蜂

带刺的蜜蜂学黄蜂进化出斑纹

◆ ButterflyNet

穆氏拟态理论是生物进化的重要证据，但要定量证明这一理论，需要对不同个体表现出的“相似性”有明确度量。传统研究多是靠人眼观察条纹或斑点来判断个体是否相似，缺少定量依据。2019年8月，刊登在《科学进展》杂志上的一篇论文，利用一个称为ButterflyNet的深度卷积神经网络对蝴蝶图片的相似性进行度量，从而发现了穆氏拟态的定量证据。

ButterflyNet是一个卷积神经网络，目的是把蝴蝶图片“嵌入”到一个向量空间，使得同一亚类蝴蝶的图片距离更近，不同亚类蝴蝶的图片距离更远（参见18节）。研究者选用两类蝴蝶，分别称为艺神袖蝶（H.Erato）和诗神袖蝶（H.Melpomene）共38个亚类来展开研究。他们选用数千张照片来训练ButterflyNet网络，训练的目标使同类蝴蝶的嵌入向量互相靠近。训练完成后，这一网络可以提取任意一张蝴蝶照片的嵌入向量，从而分析各种蝴蝶之间的相似性。

ButterflyNet将不同种类蝴蝶的照片映射到向量空间，其中每种颜色代表一个蝴蝶亚类。可以看到，同一亚类的不同个体被映射到相近的位置，而不同亚类的个体各自聚堆，说明ButterflyNet确实可以起到度量蝴蝶相似度的作用。

◆ 穆氏拟态证据☆

将不同亚类的向量表示成一个树状结构，可以得到如下图所示的近邻关系图，其中每个圆圈代表一个亚类，圆圈边上的文字标记为黑色的代表艺神袖蝶（H. Erato），文字标记为灰色的代表诗神袖蝶（H. Melpomene），圈的颜色代表生物学家通过研究确定的拟态组。

可以看到，同属于两个不同种类的蝴蝶，如果它们的亚类处在同一个拟态组里（即颜色相同），则它们的相似性会比较高，甚至可能比同一种类的两个亚类相似性更高，如图中红色圈所标出来的两个黄颜色亚类。这一结果清晰表明，生物学家通过观察得到的拟态组是合理的，同一拟态组的物种互相接近，从而证明了协同进化的存在。

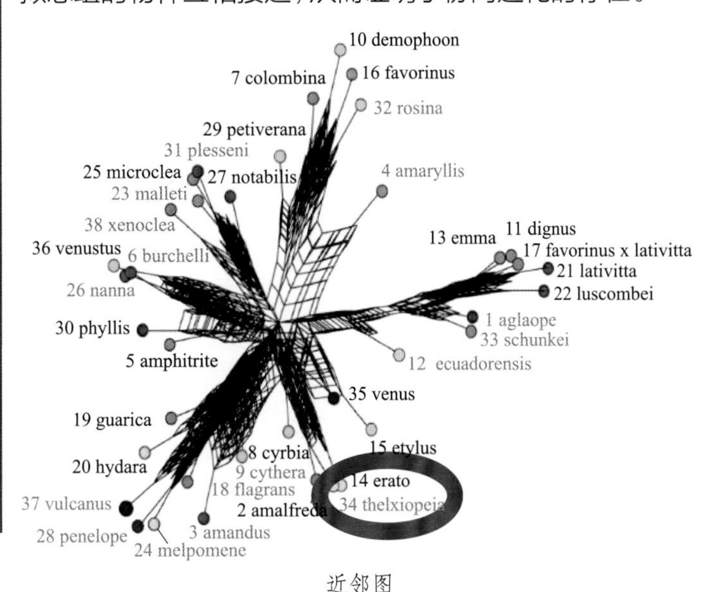

近邻图

动动脑筋

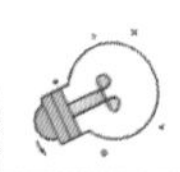

讨论一下，贝氏拟态和穆氏拟态有什么不同？一种树蛙无毒，为了吓退捕食者，它模仿另一种有毒的箭毒蛙在皮肤上长出深黑色条纹，这种拟态是贝氏拟态还是穆氏拟态？

从右面的近邻图中找出更多蝴蝶亚类的例子，证明穆氏拟态理论。（☆）

41 听声辨位

◆ 蝙蝠的听声辨位

数千种动物依靠回声定位。以蝙蝠为例，它们用喉咙发出超声波，通过嘴和鼻子同时将超声波发射出去，再通过耳朵接收返回的声波。

研究表明，蝙蝠可以在一秒钟内发出超过250组的超声波，同时准确地接收和分析同等数量的回声。通过分析这些返回的声音，它们可以轻松确定障碍物或猎物的尺寸、质地、距离和方向。

蝙蝠的这种听声辨位能力和它强大的耳朵是分不开的。它们通常具有比较大的外耳。大耳蝠的耳朵长度甚至超过了体长的3/4，堪称兽类中耳朵最大的动物。一些蝙蝠还具有称为“耳屏”的特殊装置，以加强对回声的接收和分析能力。

◆ 生活中的听声辨位

当你步行在校园中时，突然听到有人喊你的名字，你往往都能在第一时间找到发音人的方向，根据声音的大小还能大概判断出发音人离你的距离远近，这就是我们生活中常见的听声辨位。

人耳的听声辨位能力利用了空间和频率两种信息：我们有两个耳朵，不同方向的声源到达我们双耳的时间和压强都有所不同，基于此可以判断声音的前后左右（水平定位）；同时，我们的耳郭有特殊的结构，这些结构对不同方向来的信号具有特定的频率响应，这可以让我们进一步分辨不同方向的声音，特别是声音的上下方位（垂直定位）。

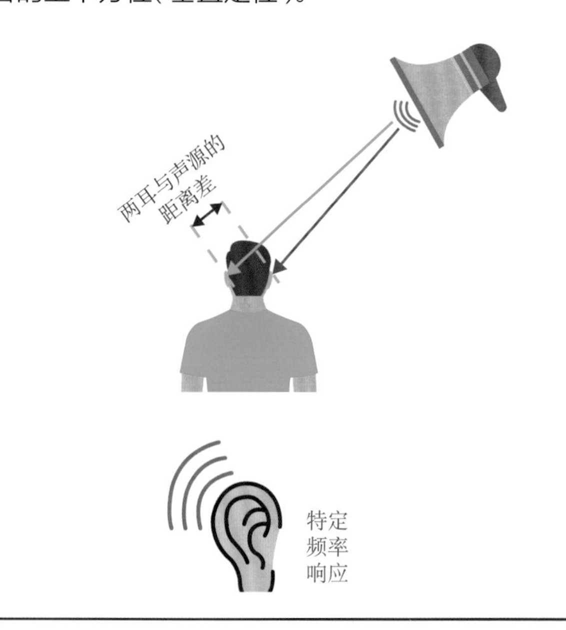

除了这些形态上的特征，蝙蝠的耳郭还可以运动。以马蹄蝙蝠为例，其外耳在100毫秒内可发生高达20%的相对于耳朵总长度的形变。动起来的耳郭对声源产生了相对速度，进而形成了一种称为“多普勒效应”的声学现象。利用这一现象，蝙蝠可以更有效地判断障碍物的位置和状态。

实验表明，通过发出超声波并接收其反射波，蝙蝠可实现1.6°的水平定位和3°的垂直定位。这一超能力使它们在完全黑暗的环境中依然可以自由飞行。

◆ 多普勒效应☆

如果我们站在一列迎面开来的列车前，就会感到火车的汽笛声变得尖锐；反之，如果列车远离，汽笛声就会变得低沉。这是因为我们和列车之间存在相对速度，相对速度的存在会使接收到的声波发生频率偏移，这就是多普勒效应。

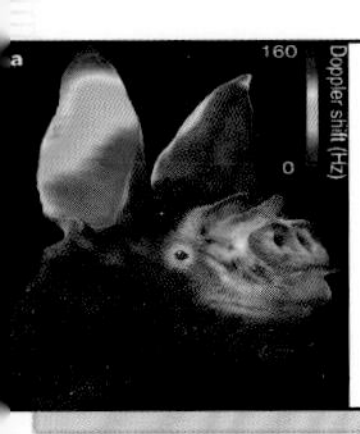

蝙蝠耳郭的不同位置形成的多普勒频率偏移。图中颜色越深的地方产生的多普勒偏移越大。显然，耳郭边缘产生的相对速度更大，因此多普勒偏移也更大。

蝙蝠的耳朵里同样产生了多普勒效应，特别是当耳朵动起来后，在耳郭的不同位置与声源的相对速度是不同的，因此产生的多普勒偏移也不同。蝙蝠通过解析在耳郭不同位置的多普勒偏移，可实现非常精准的声源定位。

◆ 仿生耳朵

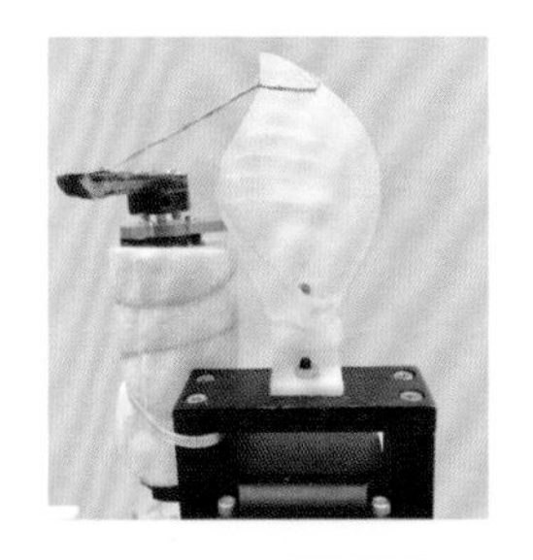

研究者借鉴了蝙蝠的动耳听声能力，研制成功了一款仿生耳朵，如右图所示。这款耳朵模拟蝙蝠的耳郭结构，并通过马达牵动耳郭产生周期运动来模仿蝙蝠的耳郭运动能力。

利用这款仿生耳朵接收超声波时，不同方位接收到的信息确实是不同的。但是，这些信号本身非常复杂，要从这些信号中解析出方向信息，还是非常困难的。

◆ AI 解析声源方位

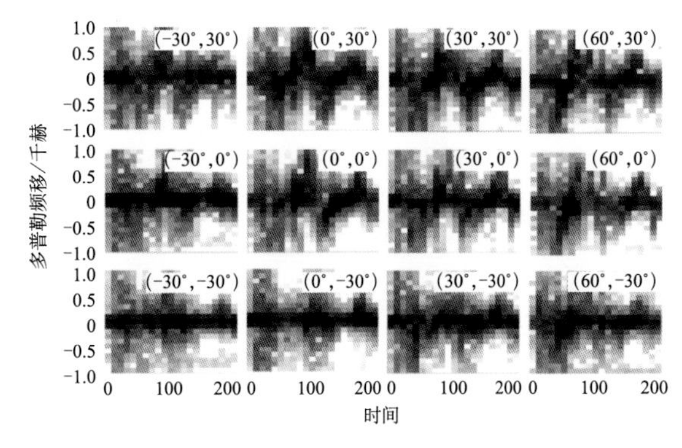

为了从观测信号中检测出方向信息，研究者提出基于深度卷积神经网络（CNN）的方向预测模型。他们将仿生耳接收到的原始信号提取频谱之后输入一个CNN，利用CNN强大的学习能力提出信号中和方向相关的显著特征，并利用这些特征来预测信号的方向。

右图是仿生耳朵接收到的超声波信号，每个小图代表一个方向。可以看到，单凭人眼是无法从这些信号中判断出信号方向的。然而，将频谱输入一个多层CNN后，即可实现非常精确的方向预测。实验表明，即使只用一只仿生耳朵，也可以达到0.5°左右的定位精度，不仅超过人耳（2°～3°），也超过了蝙蝠的耳朵（1°～3°）。

动动脑筋

除了蝙蝠，你还知道哪些听力敏锐的动物？查找资料，看它们是否用动耳朵的方式提高听力。

当对着电风扇说话时你会发现自己的声音变了。思考一下，这是多普勒效应吗？

在“多普勒效应”小节中，可以看到蝙蝠耳郭的边缘处产生的多普勒偏移更大，思考一下这是为什么？

42 检测炭疽芽孢

◆ 什么是炭疽病？

炭疽病是一种急性传染病，临床上主要表现为皮肤坏死、溃疡等，有可能引发肺、肠和脑膜的急性感染，并可伴发败血症。炭疽病传染性极强，发病迅速，是极度高危的传染病。

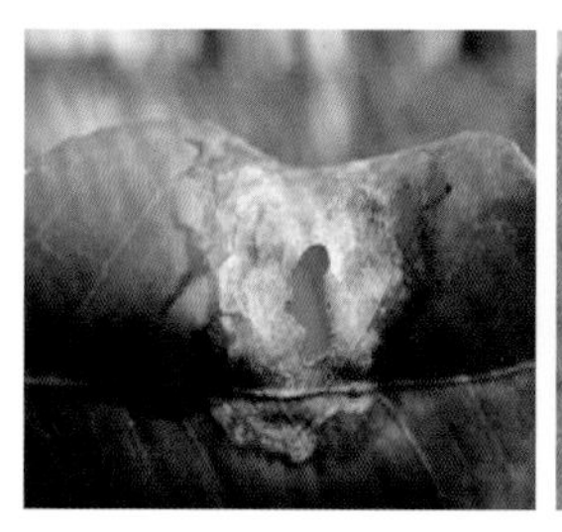

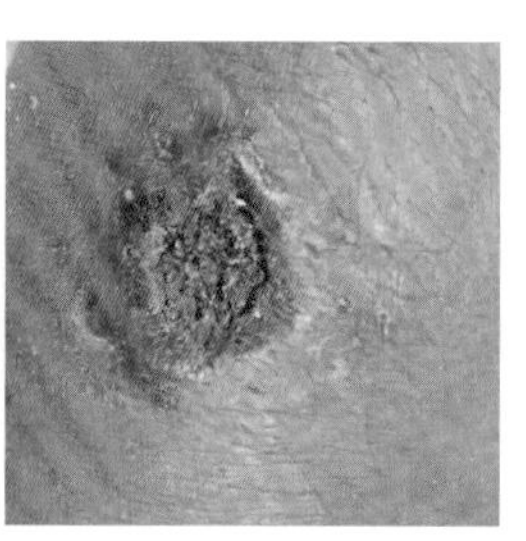

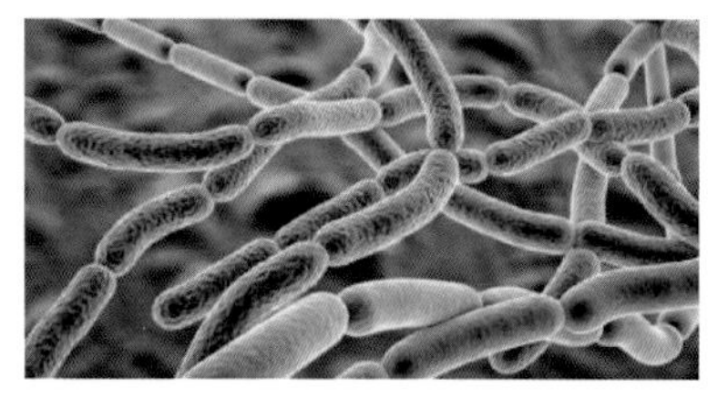

炭疽杆菌(bacillus anthrax)是炭疽病的罪魁祸首。炭疽杆菌长约1～6微米，通常以芽孢的形态出现在土壤中。炭疽芽孢的生命力极其顽强，即使深埋几十年后依然还有很强的传染能力。一旦环境受到炭疽芽孢的污染，后果不堪设想。

◆ 不堪回首的“炭疽史”

历史上，炭疽芽孢曾是生物武器的热门候选，包括臭名昭著的731部队就曾在中国人身上试验过炭疽。“二战”期间，英国曾在苏格兰北部的格鲁伊纳岛释放炭疽芽孢，用羊来测试炭疽武器。这一试验带来惨痛后果，此后半个世纪，这片被污染的土地成为名副其实的无人区。1986年，英国痛下决心，往岛上喷洒了280吨甲醛，并将严重污染的表层土移除封存。即便如此，风险还是存在，直到1990年，英政府才宣布解除戒严。尽管如此，人们对这个小岛也是敬而远之，吐血大甩卖仅需500英镑(约4300元人民币)。

被炭疽污染的英国格鲁伊纳岛

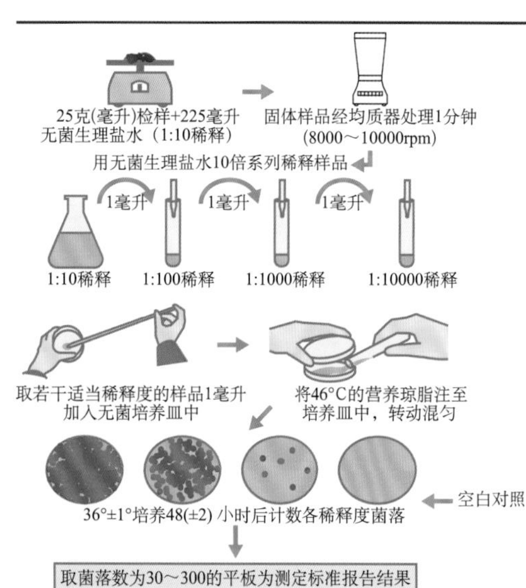

◆ 传统检测手段的局限

面对如此可怕的致病菌，快速的检测手段非常重要。传统检测方法包括涂片镜检、分离培养、动物实验等，但这些方法或者耗时较长，或者检测精度较低。特别是这些方法需要炭疽菌的浓度达到一定程度才能得到较高的精度。如果真遇到危险情况，在检测出来之前炭疽的传播就已成事实，很可能造成重大损失。

◆ AI带来检测技术的新突破

在2017年《科学进展》杂志的一篇文章中，科学家们用全息显微成像技术结合深度学习，成功实现了对炭疽杆菌的高精度检测，哪怕是一个细菌，也可以把它抓出来。这一成果极大提高了炭疽的检测精度，达到96.3%的检出率，而误检率只有1.7%。

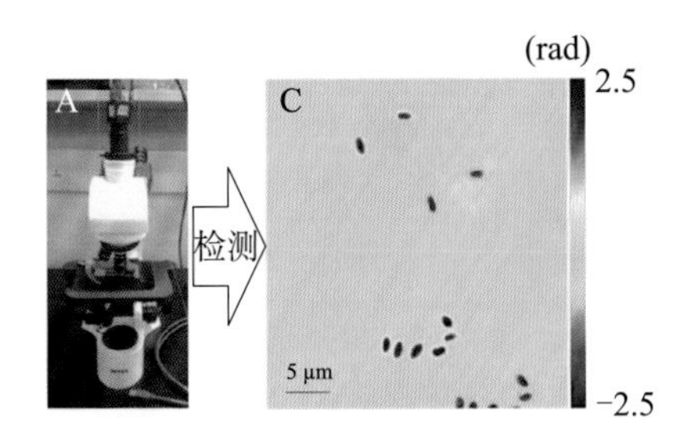

全息显微镜及其观察到的细菌

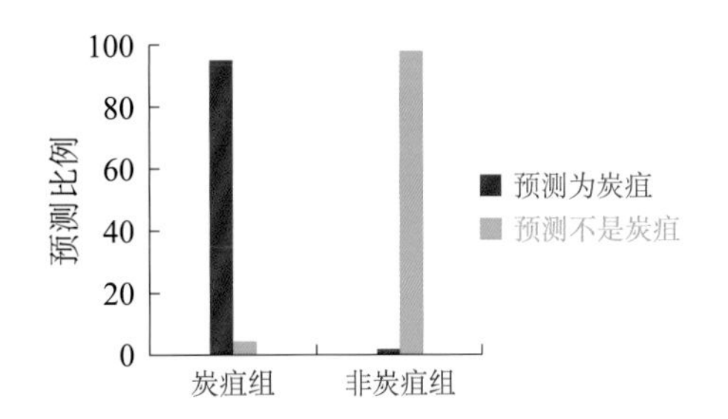

深度学习检测炭疽的检出率（左红色条）与误检率（右红色条）

◆ 深度学习检测炭疽杆菌

利用全息显微图像，科学家们训练了一个深度神经网络，该网络可以预测每个细菌的种类，抓出致命的炭疽杆菌，如下图所示。归功于深度神经网络强大的学习能力，这一模型可得到非常高的预测精度。

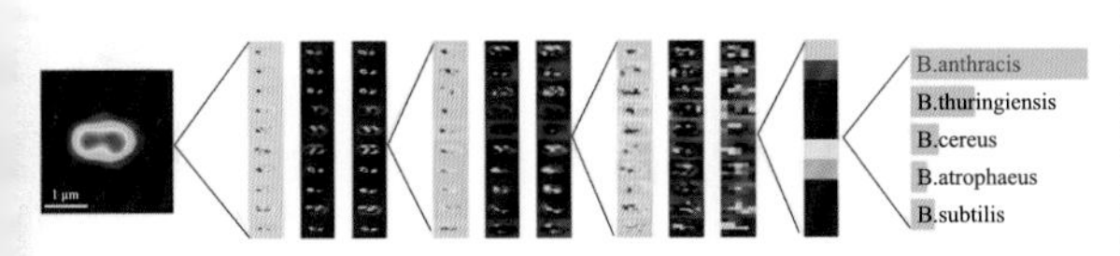

基于深度神经网络的细菌类型预测。左侧输入为全息显微图像，右侧输出是包括炭疽杆菌在内的五种细菌的可能性。

动动脑筋

通过网上搜索资料，研究一下炭疽芽孢的生命力为什么这么顽强。

有人说，全息显微技术和3D电影是一回事，查找资料做个小研究，看这种理解是否正确。

讨论一下，基于AI的炭疽检测和传统涂片镜检、分离培养、动物实验等方法相比，有哪些优势？

◆ 全息显微技术

什么是全息显微镜呢？我们知道传统显微镜观察的是物体在辅助光源下的明暗变化，这事实上是记录了光的强度信息，如图(a)所示。

然而细菌实在是太小了，小到很多时候在显微镜下都是透明的。为了解决这一个困难，科学家们研制出了全息显微镜，这种显微镜不仅记录光的强度信息，还记录光在通过物体时的相位改变，如图(b)所示。因为同时记录了光的强度和相位信息，这种显微镜称为“全息”显微镜。

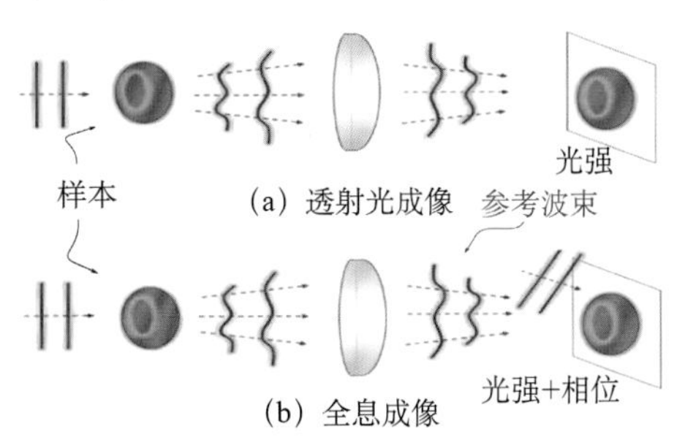

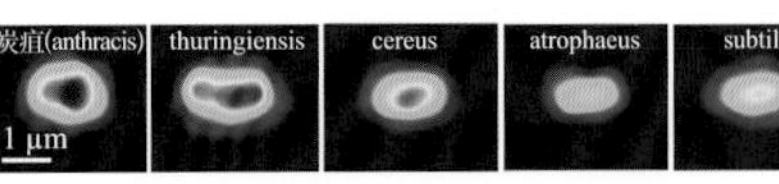

(c) 不同细菌的全息显微图像

43 太空探索

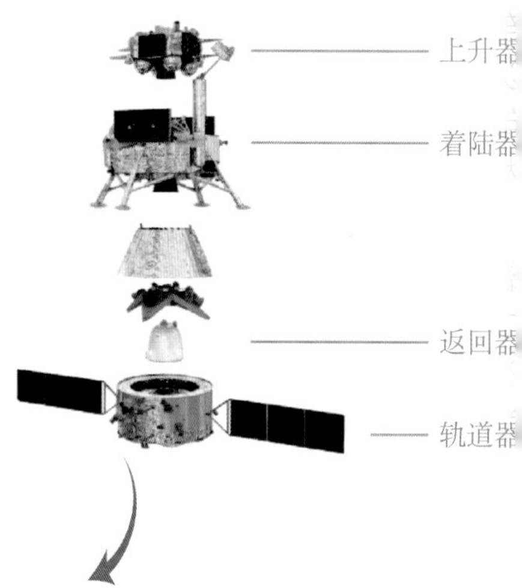

◆ “嫦娥”奔月

2020年12月17日，嫦娥五号月球探测器携带从月球采集回来的2千克月壤胜利返航，23天的太空之旅完美落幕。与前几位“嫦娥”相比，嫦娥五号的任务要复杂得多，她不仅要飞临月表，还要实地降落和采集月壤。

科学家们设计了一个糖葫芦结构，把上升器、着陆器、轨道器和返回器四部分串起来。飞临月表时放出上升器和着陆器在月表着陆，完成采集任务后再由上升器将月壤样品运送到飞船主体，返回地球。

◆ AI 帮助嫦娥登月

探月中一个棘手的问题是信号延迟。我们知道地球到月球的距离是38万千米，而信号的速度和光速是一样的，都是每秒30万千米。因此，信号从地球到月球间跑一趟要1.3秒。这意味着当飞船接近月球时，就算地球的控制人员在收到信号后马上做出反应，其控制信息也要在事件发生后2.6秒才能到达。

信号延迟在登陆器着陆时会带来很大麻烦。虽然延迟只有2.6秒，因为降落速度过快，由地球的控制人员来操纵基本不可能。科学家们想到了人工智能，让着陆器自主判断哪个地方最适合降落。按探月工程首席科学家欧阳自远的说法，“探测器十分聪慧，它始终在计算、挑剔，边走边找，最终做出判断和决策。”

◆ 飞向火星

人类很早就对火星充满了好奇，特别是对火星上可能存在的生命充满猜测。1960年10月，苏联发射了首枚火星探测器“火星1A号”，只不过在火星轨道都没抵达就失联了。其后美国和苏联相继做了多次尝试，均以失败告终。直到1964年，美国的“水手4号”探测器终于掠过火星，并向地球发回了火星照片。此后，不少国家相继发射了火星探测器，成功率大约为五成。

“天问一号”是我国首个火星探测器。2020年7月23日，“天问一号”踏上前往火星的旅程，历时202天，奔驰4.75亿千米之后，终于接近火星。2021年2月10日，大年腊月二十九晚上7点52分，“天问一号”成功实施火星捕获，正式进入火星轨道，成为火星的一颗卫星。2021年5月15日7时18分，“天问一号”着陆巡视器成功着陆于火星乌托邦平原南部的预选着陆区，中国首次火星探测任务取得圆满成功。

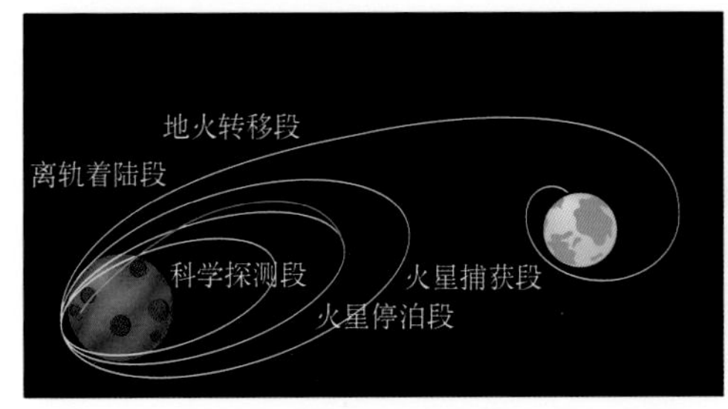

◆ 智能导航

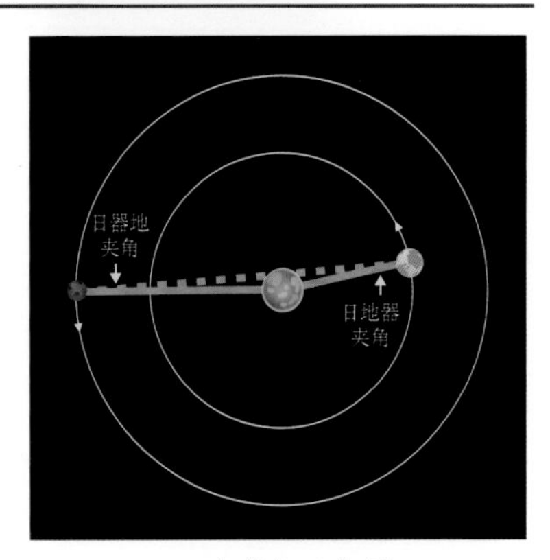

日凌现象示意图

由于距离更远，火星探索中的信号延迟现象更加严重（飞近火星时的延迟会达到10分钟）。不仅如此，当太阳、探测器、地球处于一条直线时，通信将中断，称为“日凌”现象。在“天问一号”火星探测任务中，受日凌现象影响，“天问一号”和地球的通信中断达30天。

为此，“天问一号”上配置了光学智能导航，通过对恒星背景和火星的高精度成像，可以分析出探测器自身的飞行姿态、位置与速度，从而实现对火星目标的自主导航。有了这一导航系统，探测器就跟无人驾驶汽车一样，就算没有地面信号，也可以自主飞向火星了。

动动脑筋

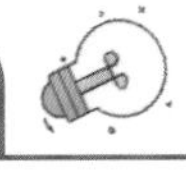

在嫦娥探月项目中，一个重要的任务是带回月壤。查找资料，看看月壤有什么用途。

查找资料，研究一下日凌现象是怎么回事，并讨论日凌会对“天问一号”的通信产生什么样的影响。产生这一影响的原因是什么。人工智能如何帮助宇宙飞船克服这一影响。

人工智能可以为“天问一号”做点什么？

人工智能为“嫦娥五号”出了多少力？

44 AI谱曲

◆ 饱受折磨的音乐家

一直以来，高强度的音乐创作让音乐家们饱受折磨。为了激发创作灵感，早在1757年，作曲家克恩伯格就非常“天才”地发明了用掷骰子来辅助作曲的方法。

此后的半个世纪（1757—1812年），音乐家们至少发明了20种掷骰子的方法，其中就包括鼎鼎大名的莫扎特。大音乐家都不得不掷骰子，可想，写首新曲子有多难。

约翰·菲利普·克恩伯格（1721—1783），德国作曲家

◆ AI“第一曲”

当计算机出现以后，作曲家们大喜过望，希望计算机能给他们提供更多创作灵感 。

就在人工智能的先驱们聚在一起开达特茅斯会议的同时，伊利诺伊大学厄巴纳-香槟分校的两位学者勒哈伦·希勒和伦纳德·艾萨克森尝试着用一台名为ILLIAC I的计算机生成了人工智能第一曲，并定名为“伊利亚克组曲”。

有趣的是，希勒原本是化学博士，还发明了第一个有效的腈纶染色方法。不过，他从小热爱音乐，擅长钢琴、双簧管、萨克斯管。在伊利亚克组曲后，希勒走上了音乐之路，培养出了一大批作曲家。一位化学家帮艺术家谱了第一首AI音乐，从此走上了AI艺术之路，成为美谈。

AI第一曲：“伊利亚克组曲”

勒哈伦·希勒和伦纳德·艾萨克森用ILLIAC I谱

◆ AI 谱曲技术发展

希勒的工作引发极大关注，很多研究者投身到AI谱曲的研究中来。首先加入的是音乐家，后来更多AI研究者参与进来。

早期研究多采用符号方法，把音乐当成一门语言，其中音符相当于语言的字母，作曲规则相当于语法规则。有了字母和语法，作曲就和写作文一样了。

符号方法虽很简单，但正如学会了语法规则并不一定能写出一篇好作文一样，只知道作曲规则也未必能作出一首好曲子。

符号方法将音乐视为一种特殊语言，而音符是这门语言的字母。

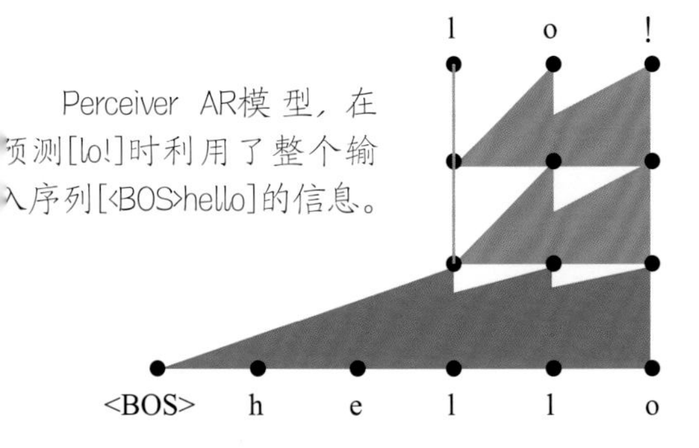

Perceiver AR模型，在预测[lo!]时利用了整个输入序列[<BOS>hello]的信息。

近年来，深度神经网络在机器谱曲方面取得了很大成功，成为当前的主流方法。与传统方法相比，深度神经网络可以对音乐中的复杂时序关系进行更为细致的刻画，因而可以生成更流畅自然的音乐。

左图是Google提出的一种称为Perceiver AR的神经网络模型。这一模型和Transformer类似（参考第28节），不同之处在于它可以学习跨度更大的时序依赖关系，从而生成更合理的音符序列。

◆ Magenta: AI 与艺术

2016年6月，Google宣布了Magenta项目，目的是联合艺术家和计算机学家，推动人工智能在艺术创作上的研究和应用，其中AI谱曲是重要任务之一。

Magenta项目开源了大量数据、代码和第三方应用，为AI与艺术的融合提供了开放性的研究平台。

Magenta不仅可以独立谱曲，还可以将文字变成音乐，将一幅手绘画变成音乐（如右图）。

动动脑筋

人工智能可以帮助人们画画、谱曲。放飞思路，你还能想到哪些人工智能与艺术结合的方式？

思考一下，如果让你为一段文字配上音乐，能否利用本节中所学的Perceiver AR模型？如果可行，你准备如何做？（☆）

光影彩蛋

AI 如何谱曲？

45 和数学家做朋友

◆ 人工智能与数学

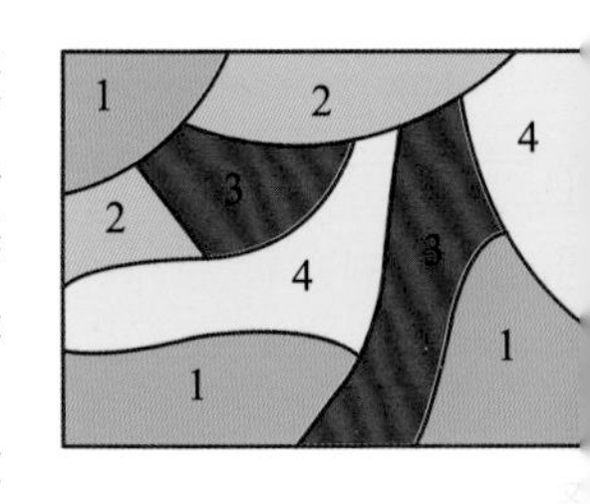

人工智能与数学是天然的朋友。“用计算来模拟人类智慧”是人工智能的基本思想，而这一思想最早是由数学家提出来的。另外，人工智能从诞生到现在，不论是哪个阶段，都离不开数学的支撑。

反过来，人工智能又为数学家提供了新的工具不仅极大提高了工作效率，也激发了数学家的灵感事实上，人工智能最初的成果恰恰是在定理证明上取得的巨大成功。

四色猜想：任意一幅地图都可以用四种颜色完成染色，并保证相邻国家不会同色。该猜想由英国制图员弗朗西斯·格思里在1852年提出，直到1976 年，数学家肯尼斯·阿佩尔和沃尔夫冈·哈肯借助计算机首次得到一个完整的证明，四色猜想也终于升格为四色定理。四色猜想的证明是计算机科学对数学的里程碑式贡献。

◆ 猜想证伪

相比“证明”，机器更擅长的是“证伪”。要想证明一个定理，需要把所有可能的情况都考虑到，但证伪就简单了，哪怕找到一个反例就能推翻一个猜想。因此，只要不停地尝试，找到反例的可能性就越来越大。对于机器来说，最擅长的就是不知疲倦地尝试，因此很适合做证伪工作。

然而，仅靠不停尝试还是有碰运气的成分，也不利于寻找那些隐蔽性很强的反例。为了解决这一问题，科学家们提出了基于机器学习的证伪方法，通过训练一个生成模型，让他生成更具有“威胁”性的反例，从而显著提高证伪过程的效率。

为了证伪“不存在黑天鹅”这一猜想，训练一个深度生成网络，让它随机生成若干天鹅图片，再从中选择那些颜色最黑的天鹅更新生成网络。经过若干次迭代后，网络生成了“黑天鹅”这一反例，猜想证伪成功。

数学猜想生成☆

$$\frac{\pi}{2}+1=3+\cfrac{-2}{6+\cfrac{-9}{9+\cfrac{-20}{12+\cfrac{-35}{15+\cdots}}}}$$

$$e=3+\cfrac{-1}{4+\cfrac{-2}{5+\cfrac{-3}{6+\cfrac{-4}{7+\cdots}}}}$$

$$\frac{1}{1-\log(2)}=4-\cfrac{8}{14-\cfrac{72}{30-\cfrac{288}{52-\cfrac{800}{\cdots}}}}$$

拉马努金机生成的一些猜想

机器不仅可以证明或证伪人类给的猜想，还可以主动提出猜想。021年，一个以色列研究团队在《自然》杂志上发表了一篇论文，报告了他]设计的一款称为“拉马努金机”的程序，可以批量生产数学猜想。

这款程序专门生成关于各种数学常数的猜想，如圆周率π、自然对数的底e、对数log(2)等。这些常数都是无理数，可以表示成连分数的形式。拉马努金机通过尝试不同的连分数形式来近似这些常数。如果近似程度足够精确，即可“收获”一个猜想。

目前，拉马努金机每天都在不停猜想的路上，并把它的猜想发布在互联网上，邀请人类数学家来证明。迄今为止，数学家们已经证明了其中一些猜想的正确性，但很多猜想还有待证明。

斯里尼瓦瑟·拉马努金（Srinivasa Ramanujan）（1887—1920），印度数学家。没受过正规的高等数学教育，沉迷于数论，特别是涉及各种数学常数的规律。他喜欢以直觉方式给出公式，不喜欢证明，但很多公式事后被证明是正确的。

知识发现

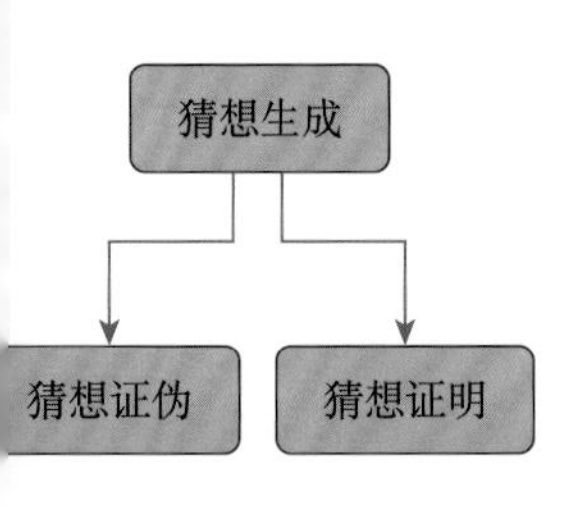

数学猜想生成和猜想验证（包括证明与证伪）共同组成了一个数学发现的闭环。猜想生成是从大量数学实践中发现潜在规律，而猜想验证是对这些发现进行证明或证伪。这一过程正是人类发现知识、积累知识的过程。

机器生成猜想、证明和证伪猜想的过程复现了人类知识的发现和积累过程，再一次展现了人工智能的强大。有趣的是，机器的这种能力很大程度上源于对数据的大量尝试和检验。这种看似非常简单机械的策略却产生了强大的智能，这或许可以启发我们重新认识人类智能的产生过程。

动动脑筋

查找斯里尼瓦瑟·拉马努金的资料，看看他对数学做出了哪些重要贡献。

机器定理证明的另一个有趣的例子是开普勒猜想的证明。查找资料，看看这个猜想是什么，科学家们是怎么在机器的帮助下完成证明的。

46 机器做梦

◆ 卷积神经网络中的模式☆

在卷积神经网络(CNN)中，每个卷积核代表一种模式，而对应的特征平面上的激发值代表这一模式是否出现。如下图所示，CNN在较低层次上会学习一些简单的条纹和色块，而在较高层次上会学习到更复杂的对象。

值得说明的是，不同数据上训练的CNN学习到的模式是不一样的。例如下图中的Places-CNN是用各地风景图片训练而成，而ImageNet-CNN是用各种类型的实物图片训练而成，因此二者的卷积核所代表的模式是不同，特别是在高层，区别更大。

从这个角度看，CNN其实是记忆了训练数据的主要模式，这些模式分层次地组织起来，由局部到全局，由具体到抽象。这有点儿像我们的大脑，把见过的形象分层次地组织并记忆下来。

◆ 做梦

在睡眠状态下，我们的大脑依然会有部分神经细胞保持活跃状态，这些活跃细胞会使我们感知到一些场景，也就是我们常说的梦境。据统计每个人每晚会做3～5个梦，有的人会高达20个。

由于梦中的情景是由少数活跃神经细胞激发生成的，因此整体上并不具有真实世界的逻辑性然而，每个神经细胞所携带的信息又是真实世界的反映，因此又具有部分真实性。这些具有一定真实性的片段杂乱组合在一起，就形成了光怪陆离的梦境。

我们知道，神经网络，特别是卷积神经网络可以像人的大脑一样记住见过的数据。如果对神经网络的神经元以随机组合的方式进行激发，则可以形成人类做梦的效果。

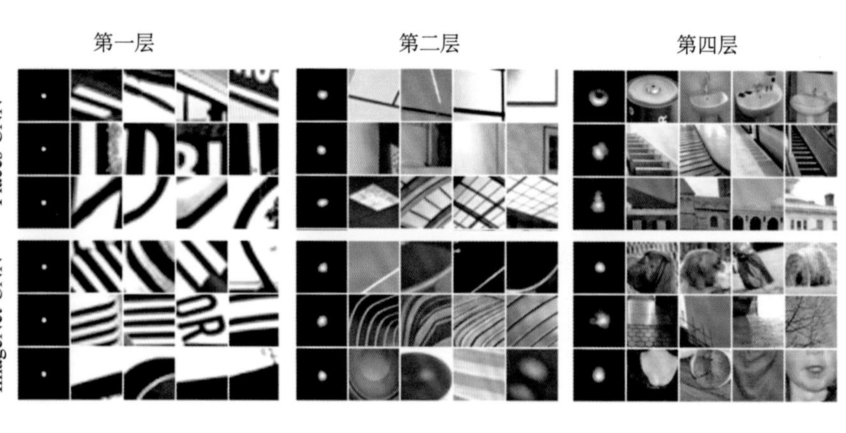

不同CNN在不同层次所代表的模式。依CNN模型和网络层次的不同分为六组图片。在每组图片中，每一行代表一个特征平面，最左侧的图片是该特征平面的激发位置，余下四幅为数据库中在该位置产生最大激发的图片，因此可以代表该特征平面所对应的模式。

◆ 模式强化：梦境开始

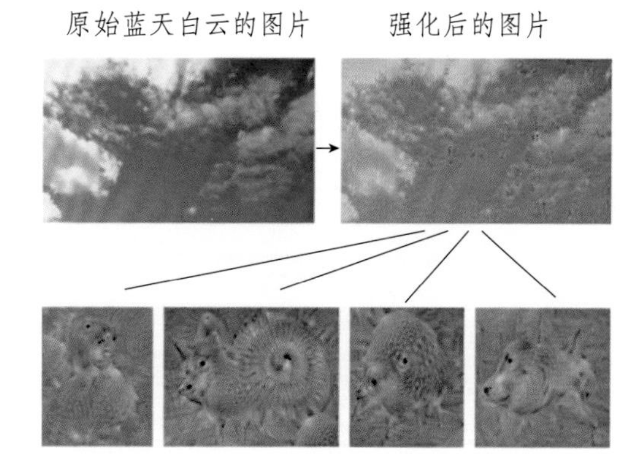

基于CNN的模式学习和记忆能力，Google开发出了一套有趣的做梦算法，称为DeepDream。如右图所示，输入一张蓝天白云的照片，在CNN的某一特征平面中寻找一个最强的激发。这个激发的存在说明该位置存在某种模式，如一条鱼或一个贝壳的形状。这些模式看起来可能并不明显，但它一定是存在的（如隐藏在云朵里），否则不会被CNN发现。找到这个激发值后，对图片进行调整，使得这个激发值更大，就可以让对应的模式更明显地展示出来。这一过程称为模式强化。

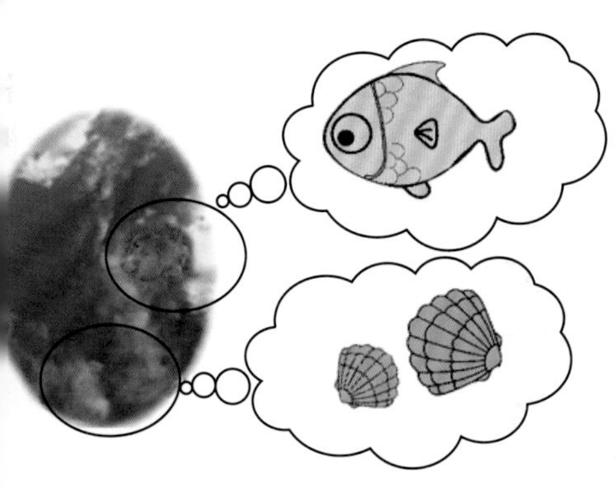

这有点儿像我们盯着云朵时，看到一片云有点儿像一条鱼，然后盯着这片云不停地看，不断给自己心理暗示，说这是条鱼，慢慢地就会发现这片云越来越像一条鱼。这就是我们说的模式强化过程。

DeepDream就是通过模式强化生成虚幻场景的。如左图所示，左边的原始图片经过模式强化以后，一些原本不是很明显的模式被突显出来，如一条鱼、一个贝壳等，得到右边强化后的图片。因为这一过程只是局部特征的随意拼凑，因此会得到部分真实而整体虚幻的图片，从而生成了梦境般的效果。

◆ 动态梦境

模式强化生成的是静态图片。为了生成动态的“做梦”过程，DeepDream采用了一种类似“拉近镜头”的操作。

如下图所示，初始输入图片完全是噪声，送入CNN，对图中的模式进行强化。得到强化后的图片以中心为焦点放大后再剪裁成原始尺寸。将剪裁后的图片重新送入CNN进行下一轮模式强化。这样反复进行，即得到一个连续变化的图片序列，产生梦境般的效果。

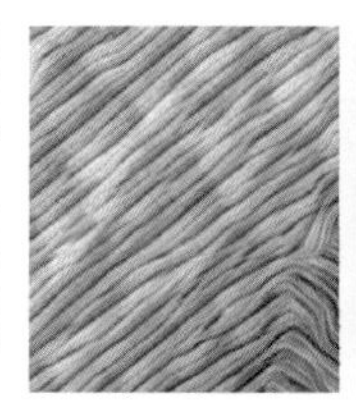

动动脑筋

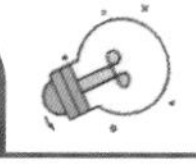

在“卷积神经网络中的模式”小节所示的CNN模式图中，我们发现在低层，Places-CNN和ImageNet-CNN学到的模式是差不多的，但在高层却差别较大。这一现象的原因是什么？

你认为机器做梦和人做梦有哪些相似之处？讨论一下机器做梦的机制能否反映人的做梦过程。

47 天文学家的助手

◆ 观察浩瀚星空

我们头顶的天空已经被观测了几千年。最人们用肉眼观察星星。后来，人们发明了望远镜极大拓展了观测视野。为了得到更清晰的观测果，人们甚至把望远镜送入了太空。

为了探索更深远的宇宙，现代望远镜越来庞大复杂。以射电望远镜为例，为了提高空间析度和信号敏感性，望远镜的天线越来越大，甚组成庞大的天线群来协同观测。

位于智利查南托高原的阿尔玛(Alma)射电望远镜阵列包括66座天线，最大天线直径达12米，是世界上最强大的射电望远镜之一。

位于我国贵州省平塘县的500米口径球面射电望远镜，是目前世界第一大的填充口径射电望远镜，被称为“中国天眼”。

◆ 天文数据“爆炸”

这些大型观测设备每天都在瞭望星空，每时每刻都在产生海量数据。以哈勃望远镜为例，它每个会向地球传回844GB的高清图像，“中国天眼”每天产生的数据高达150TB，而建造中的薇拉·鲁宾天台巡天望远镜预计每晚就会产生200TB的数据。

这些数据中包含近10亿颗星体和星系的丰富信息，但已经不是人用肉眼可以分析和理解的了，必有相对应的工具才能从这些海量数据中发现有价值的线索，而这正是机器学习所擅长的。

归因于此，近年来机器学习在天文学研究中异军突起，特别是深度学习方法，因其强大的数据学能力受到青睐，广泛应用在光谱分析、新星检测、星系分类等任务中。

哈勃望远镜是在地球轨道上运行的空间望远镜，于1990年发射成功。由于没有大气干扰，哈勃望远镜传回的照片是天文学家迄今能获得的最敏锐的太空光学影像。

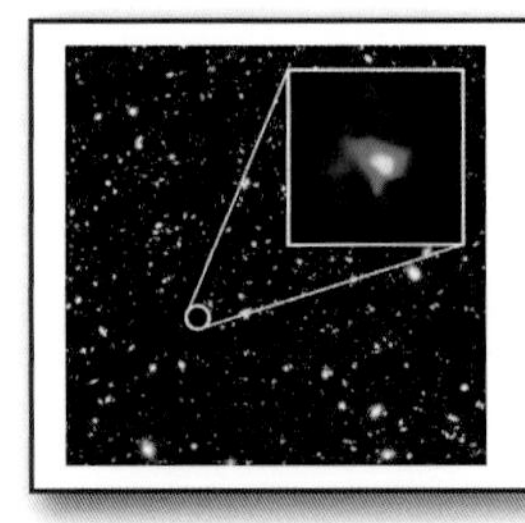

科学家从哈勃望远镜传回的无数星光中发现130亿光年外的星系。没有计算机的帮助是不可能的。

◆ 数据异常检测

对于一个大型望远镜或望远镜组来说，每天采集到的数据实在是太多了，多到数据发生异常都不容易发现。这就带来一个非常严重的问题，如果连数据是否正常都不知道，又如何依赖这些数据去理解天文学现象呢？

例如，为了探测来自遥远太空的微弱信号，射电望远镜变得越来越灵敏，但人类产生的信号会严重干扰望远镜的运行，这称为“射电频率干扰”。这种干扰几乎一直在发生，如果不能检测并滤除这些干扰，太空观测几乎无法进行。

2019年7月，英国皇家天文学会月刊上发表了一篇文章，利用深度卷积神经网络来检测射电频率干扰。他们将望远镜采集到的数据送入一个称为“全卷积网络”的神经网络模型，当某一频段出现射电频率干扰时，在网络的输出端即可预测出来。

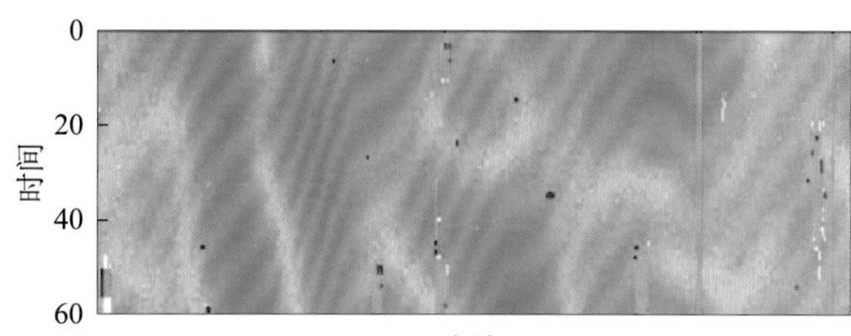

用深度卷积神经网络检测射电频率干扰，黄色部分为正确检出，白色部分为错误检出（即没有干扰检测成有干扰），红色部分为未检出的干扰。

◆ 星系定位与分类

深度学习还可以用来从望远镜图像数据中定位天体并判断它们的属性。

右图是利用YOLO网络（参考第21节）从哈勃望远镜的深空视场图片中定位星系，并对星系进行分类的结果。

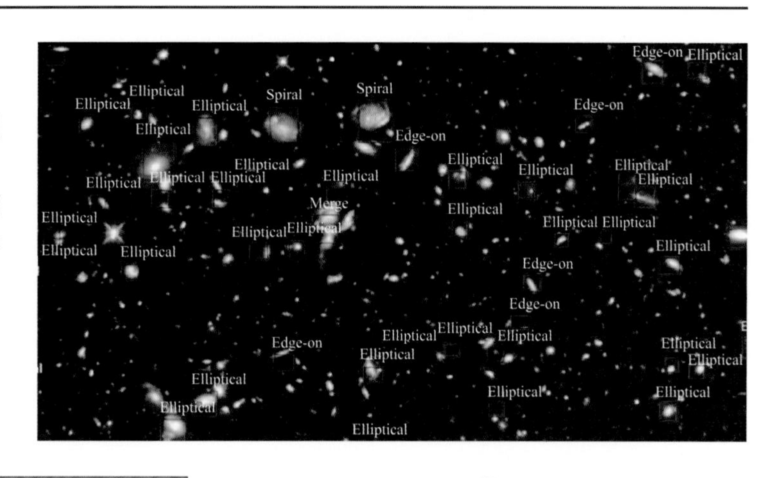

动动脑筋

“中国天眼”是我国自主研发的大型射电望远镜。网上搜索一下“中国天眼”的信息，看看基于这一望远镜产出了多少科研成果。

思考一下，为什么现代天文学家越来越依赖人工智能方法？

48 预测新冠病毒传染性

◆ 新冠疫情

自2019年12月以来，新冠疫情蔓延全球，给世界各国人民健康带来巨大威胁，并严重阻碍了经济发展。

自疫情出现以来，大量人工智能学者投入到抗疫工作中，在疫情走向预测、抗疫政策效果分析、病例筛查等方面做出了重要贡献。本节介绍由MIT和哈佛大学在《科学》杂志中发表的一项研究成果，用机器学习预测病毒传染性。

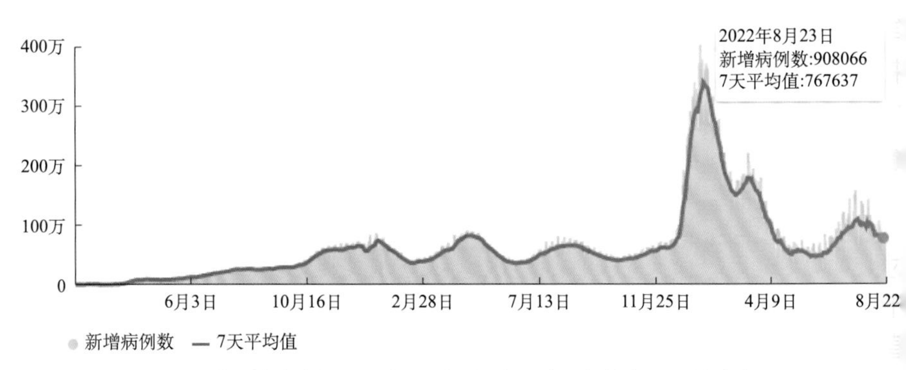

2020年以来全球每天新增新冠病例人数统计。实线为7天平均增量。

◆ 学习新冠病毒的 AI ☆

新冠疫情之所以如此复杂，一个重要原因在于病毒会变异，变异后的变种病毒特性难以捉摸。到目前为止，我们熟知的变种已经有阿尔法（Alpha）、贝塔（Beta）、德尔塔（Delta）、奥密克戎（Omicron）等。事实上，这些仅是“闯出了名堂”的变种，那些没成气候的变种已经有成千上万种。科学家们对这些变种进行了归类，并为每一类取了名字，比如德尔塔病毒叫B.1.617.2，奥密克戎病毒叫B.1.1.529等。这一命名规则称为PANGO命名法。

2022年6月，MIT和哈佛的科学家们设计了一种称为“贝叶斯逻辑回归”的机器学习模型来预测不同类型新冠病毒的传染性。系统流程如右图所示。为说明方便，我们简称这一模型为M-H模型。

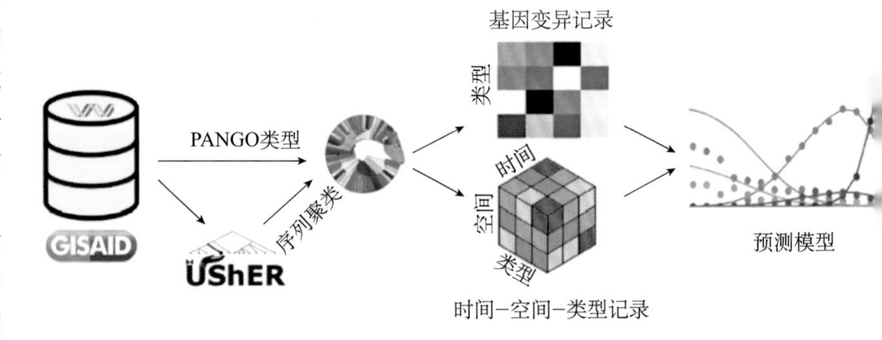

M-H模型构造过程：首先从GISAID数据库中得到6466300条基因序列，这些基因序列涵盖1560个地区，32个时间段（两星期一个时间段）。对这些基因数据以PANGO命名为基础分成3000个类型。统计每个类型的基因变异情况以及爆发记录，并基于这些信息来训练贝叶斯逻辑回归模型。模型训练完成以后，不仅可以用来预测每种病毒的增长率，也可以得到每个基因位变异的重要性

◆ 预测不同病毒变种的传染性

研究者利用M-H模型对各个病毒变种的专播能力进行了研究，结果如右图所示，其中每个圈代表一个变种，横轴的位置是这一变种出现的时间，纵轴的位置是模型预测出的传染性。图中红色圆圈代表产生较大影响的变种。

可以看到，M-H模型确实准确地预测到了几次较大规模的传播，如2020年年底由Alpha（B.1.1.7）和Delta（B.1.617.2）变种引起的暴发。同时，也预测到了奥密克戎变种的高传染性。

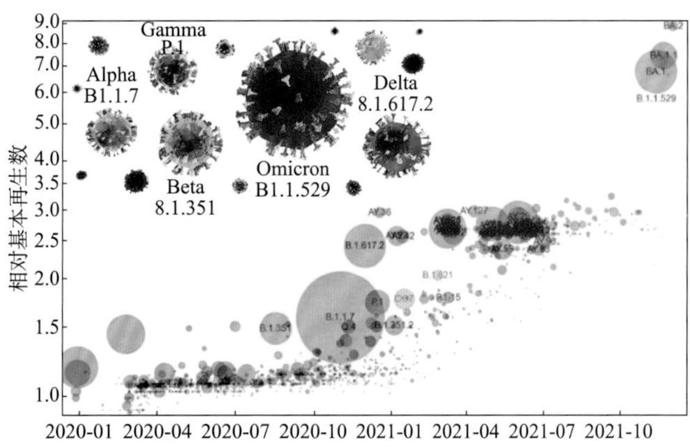

新冠病毒不同变种的出现时间与传染性对比图

M-H模型和传统基于流行病学的预测方法有很大不同。流行病学方法通过溯源传播路径来判断传染性，而M-H模型基于病毒的基因序列来预测它的传染性，显然后者可以更早发现疫情风险。

◆ 定位显著变异点

利用M-H模型，还可以定位病毒基因序列中对传染性影响最大的变异点。这是因为在模型设计时，科学家们为每个变异点都设计了一个显著值。在模型训练时会对这些显著值进行学习，学习结束后，那些显著值较大的变异点就是对传染性影响较大的基因位置。

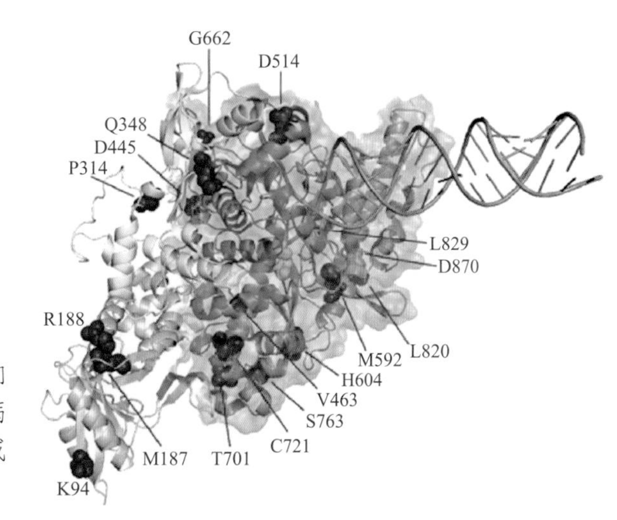

右图中的红色圆圈即是科学家们发现的显著变异点。对于一个新的病毒变种，如果发现这些变异点中一个或多个发生了改变，那就要加倍小心了。

动动脑筋

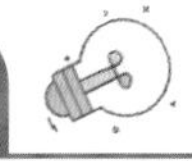

在“预测不同病毒变种的传染性”小节所示的病毒对比图中，病毒的传染性是用相对基础再生数来表示的。查找资料，解释一下什么是基础再生数。

有人说，M-H模型之所以能够成功，是因为世界各国都愿意把新冠病毒的基因序列公开共享，否则是无法训练这一模型的。查找资料，了解一下GISAID数据库，并谈谈你对数据公开的理解。

49 开发癌症疫苗

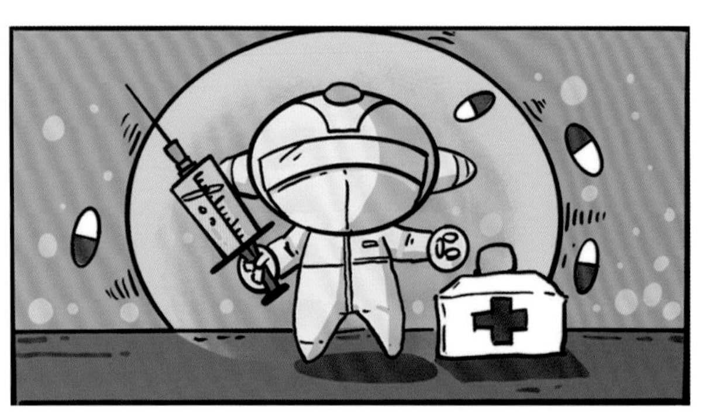

◆ 免疫系统与疫苗

人体免疫系统可以消灭各种细菌和病毒的入侵，是我们身体的忠实守护者。免疫过程的基本原理是免疫细胞通过识别和消灭具有特殊性的蛋白质片段来发现入侵者或被感染的细胞。这些特殊片段称为“抗原”。

通过注射弱化或灭活的病原体或其代谢产物，可以定向刺激免疫系统，从而获得对该病原体的免疫力。这是疫苗的基本原理。

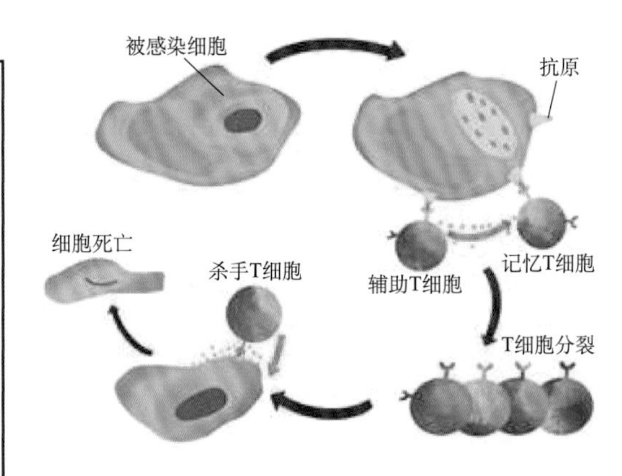

◆ 免疫疗法

既然疫苗如此有效，能否开发出对抗癌症细胞的疫苗呢？答案是可以的。早在一百多年前就有科学家开展了相关研究，且已经有一些成果投入临床应用，例如作为预防性的人乳头状瘤病毒（HPV）疫苗和作为治疗性的前列腺癌疫苗（Sipuleucel-T）。这种基于人体自身免疫能力的癌症治疗方法称为“免疫疗法”。

尽管取得了一些进步，免疫疗法还无法做到对抗所有癌症。这是因为癌细胞通常会把自己伪装成正常细胞，要发现它们的特异性很难。

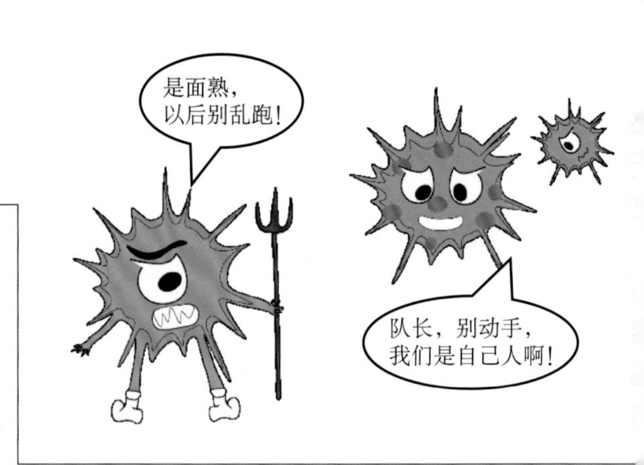

为了能精准打击癌细胞，就要找到它们的特异性抗原。为此，科学家们开始将癌细胞和正常细胞放在一起“找茬”，检测出癌细胞中发生变异的蛋白质片段。如果能在这些变异片段中找到那些可以激活免疫反应的片段，就可以让免疫细胞精准地打击癌细胞了（如下图所示）。这些能激发免疫反应的蛋白质片段称为“新生抗原”。

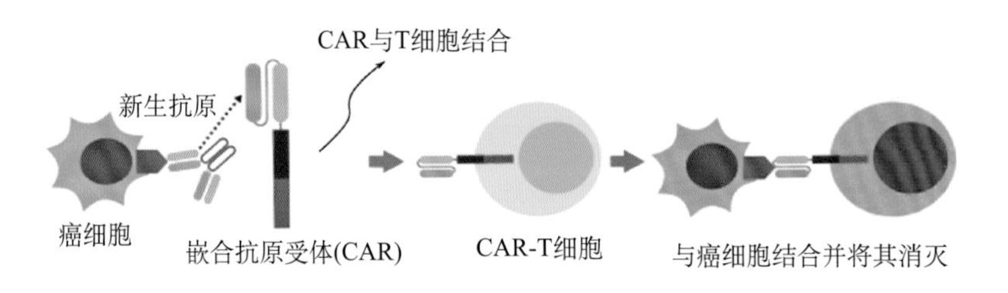

◆ 人工智能预测新生抗原

然而，科学家们发现，不同癌症的新生抗原有很大不同，这意味着针对它们要设计不同的疫苗。这个倒不是大问题。糟糕的是，即使是同一种癌症，不同患者的新生抗原也是不同的。这就麻烦了！因为要针对每个患者去试验哪些变异片段是有效的，这个工作量太大了，患者在时间上等不及，从成本上也无法做到普及。

不同癌症，抗原不同　　同种癌症，不同人抗原不同

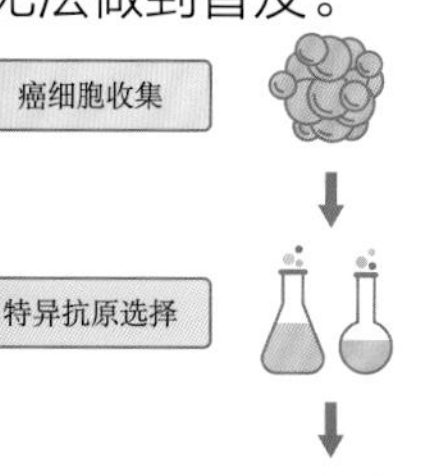

于是，科学家们想到了人工智能，希望通过病人的基因信息来预测哪些变异片段可能作为新生抗原。目前，这一方法已经取得了很大进步。

如左图所示，通过氨基酸测序和比对找出癌细胞中特殊的氨基酸片段，再利用人工智能方法预测那些最有可能被免疫系统发现的新生抗原。有了这些片段，就可以试制个性化的抗癌疫苗了。

基于人工智能的新生抗原预测不仅可以降低成本，还可以极大提高寻找新生抗原的效率，为挽救患者的生命争取到了宝贵的时间。

◆ 基于神经网络的预测模型☆

2020年，《自然-机器智能》杂志发表了一篇文章，对病人建立个性化的蛋白质序列模型，并基于该模型定位异常蛋白质，从而发现有效的新生抗原。

今天，人工智能已经在医疗健康的各个领域大展身手，癌症疫苗开发只是战场之一。随着人类基因库的完善和各种医疗信息的汇集，人工智能发挥作用的场景也会越来越多，成为人类健康的忠实守护者。

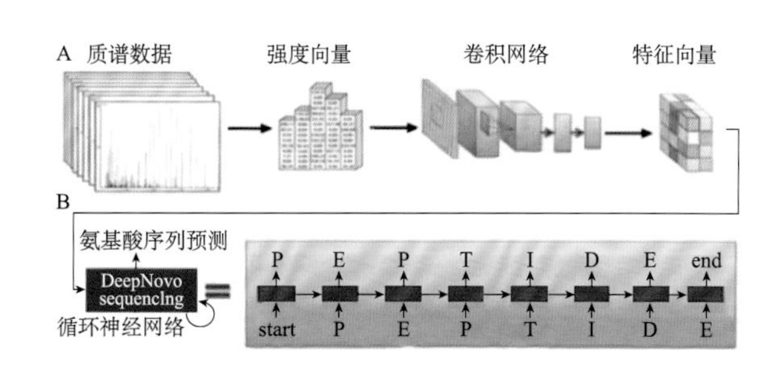

DeepNovo模型。模型以蛋白质的质谱数据作为输入，生成肽链的氨基酸序列。模型上半部分通过一个卷积神经网络对质谱数据进行归纳，下半部分基于一个循环神经网络生成氨基酸序列。对于病人的癌细胞蛋白质，如果它的质谱数据预测到了未知的氨基酸序列，就有可能是新生抗原的位置。

动动脑筋

查找资料，总结一下CAR-T方法的原理、步骤，讨论一下这种方法的优点。

总结一下，为什么免疫疗法还无法解决所有癌症？人工智能在其中可以起到什么作用？

50 AI 增强显微镜

◆ AI 显微镜

显微镜是生物学家的必备工具，然而高精度成像需要昂贵的硬件，一些特殊成像方法还会影响样本的状态，因此无法做到通用。例如，生物学家经常使用荧光显微镜（下图）来获取活体组织的特性，但一些组织可能无法耐受光毒性而死亡，使成像失去意义。

人工智能技术给生物学家带来了惊喜。通过深度学习模型，可以从分辨率较低、噪声较高的显微图片生成高清显微图片，也可以从透射光显微图片生成荧光显微图片。利用AI显微镜，科学家们就可以省时省力地进行生物学研究了。

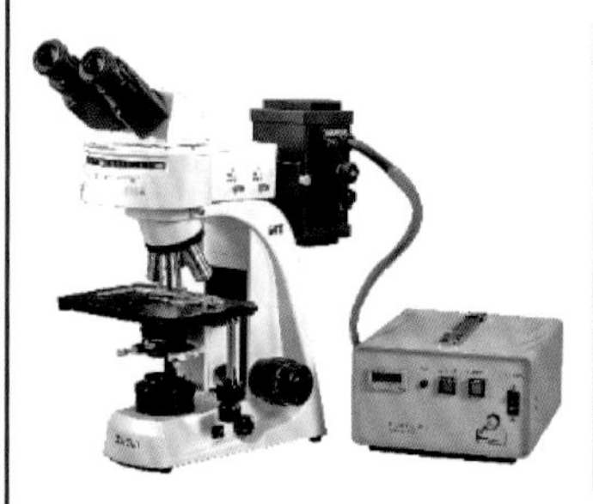

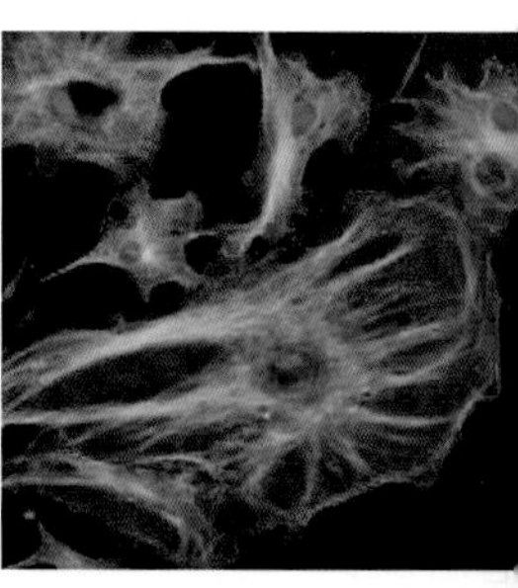

◆ 显微图片增强

2021年4月，《自然-机器智能》杂志发表了一篇来自美国德州农工大学的论文，报告了他们利用机器学习方法构造高清晰显微图像的成果。在文章中，他们设计了一个称为GVTNet的神经网络模型，将质量较低的显微图像输入该模型，即可在输出端得到高清晰度的显微图像。

下方右侧图是增强结果，其中第一行为输入的低质量图片，第二行为GVTNet模型生成的图片，第三行为真实高质量图片。结果分左右两组，每一组中第一列为整体视图，余下列为方框标出部分的局部视图。

可以看到，GVTNet的确学出了高质量显微图片的样子，甚至在细微处也非常相似。同时，也需要注意，AI所生成的图片和真实图片还是有一定差异的，这些差异是因为输入图片在该处的细节缺失，AI不得不靠想象来填充这些细节，因此有可能出现差错。

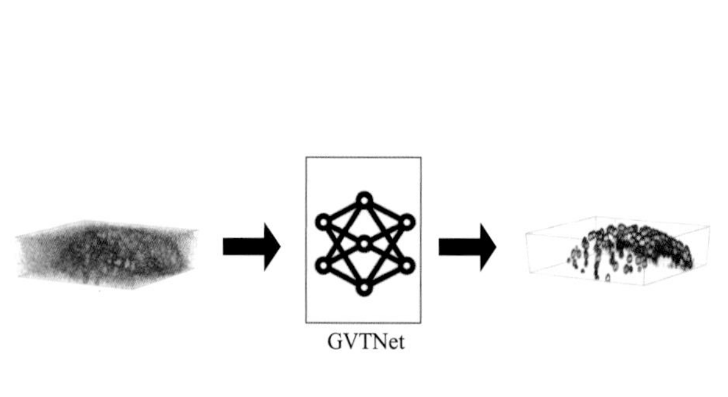

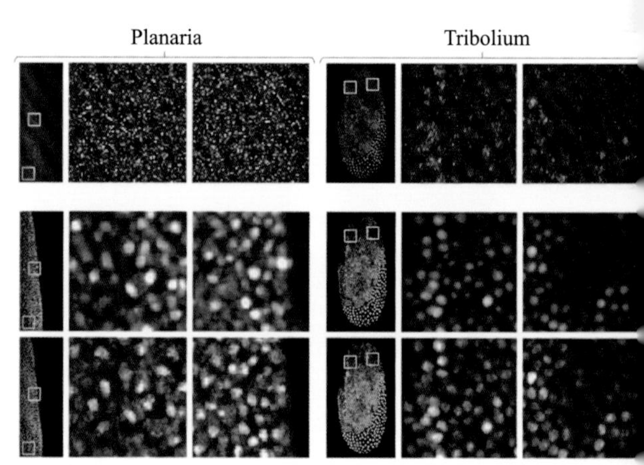

◆ 荧光显微图片生成

研究者还发现，GVTNet还可以从一种类型的显微图片生成另一种类型的显微图片。如下图所示，输入一个透射光图片，经过GVTNet之后，即可输出相应的荧光显微图片。

有了GVTNet这样的AI增强显微镜，生物学家就算没有荧光显微镜，也可以得到逼真的荧光显微图片，极大降低了经济成本和时间成本，加速了研究步伐。同时，在那些不适合荧光染色的场合，利用这一技术依然可以得到近似的荧光显微图片。

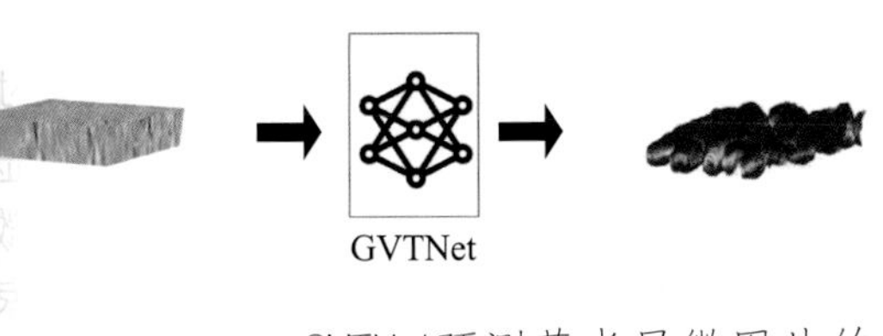

GVTNet预测荧光显微图片的结果。每一行是一组结果。第1、3列是真实图片，第2、4列是由GVTNet预测出的图片。

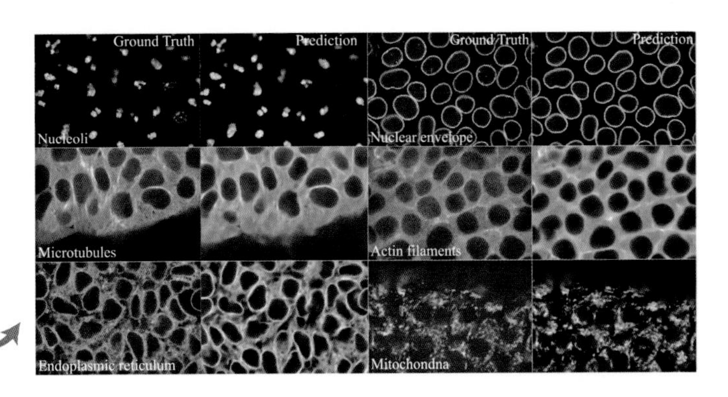

◆ 更多增强功能

除了提高图像质量和进行图像转换，AI增强显微镜还有很多其他功能，如图像合成、细胞分割、细胞状态检测、细胞分裂追踪等。

右图是谷歌研发的AI增强显微镜，可以实时定位癌症；下图是在淋巴结和前列腺显微图片上定位并显示的癌细胞信息。

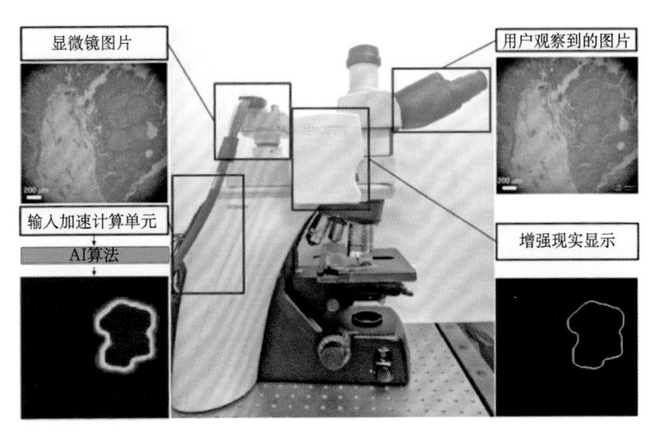

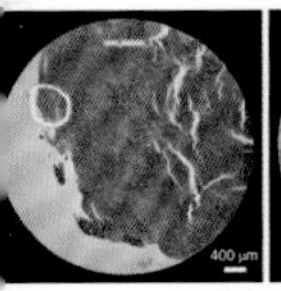
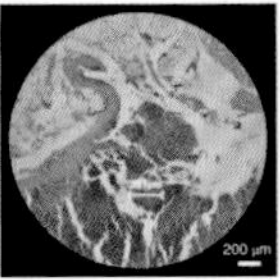
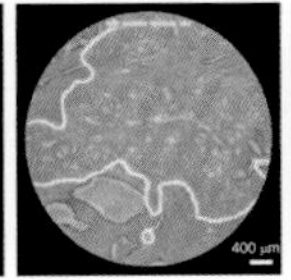
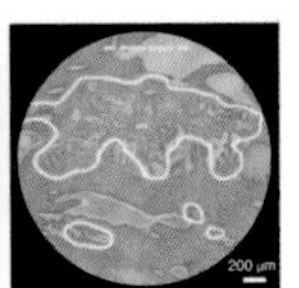

动动脑筋

查阅资料，研究一下，荧光显微镜的原理是什么？有什么用途？和透射光显微镜相比有什么优势？

有人说，AI显微镜输出的图片是经过算法处理后的，因此可能会失真。在“显微图片增强”小节中就发现了细节失真的现象。因此，AI显微镜不应该用于科研和临床。谈谈你的观点。

51 走向未来

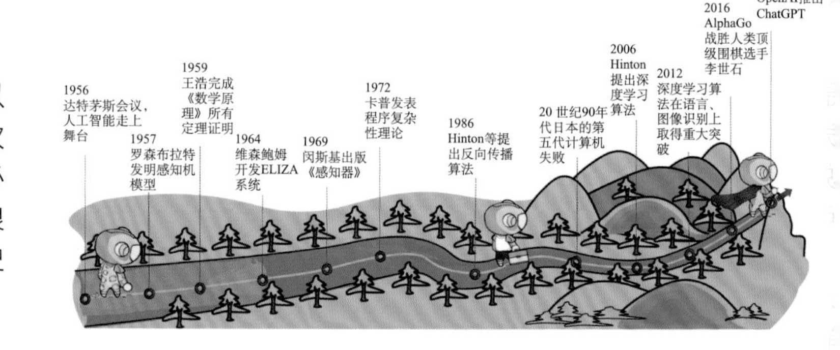

自1956年达特茅斯会议以来，人工智能已经经历过若干次高潮与低谷，过高的期望之后必然伴随失望。这次人工智能的浪潮是否也会最终落幕，成为历史上的一朵浪花？

◆ 智能化是历史趋势

机械化 》 电气化 》 自动化 》 智能化

虽然还有争议，但大多数研究者认为，这一次人工智能浪潮和前几次有所不同。一是形成了落地的商业产品，如人脸识别、语音识别、机器翻译、推荐系统等；二是与人类社会的发展方向相契合，符合人类从机械化、电气化、自动化过渡到智能化的历史步伐。一个证据是当前人工智能算法充分利用了互联网积累的海量数据，成为既有生产力模式的自然延伸。

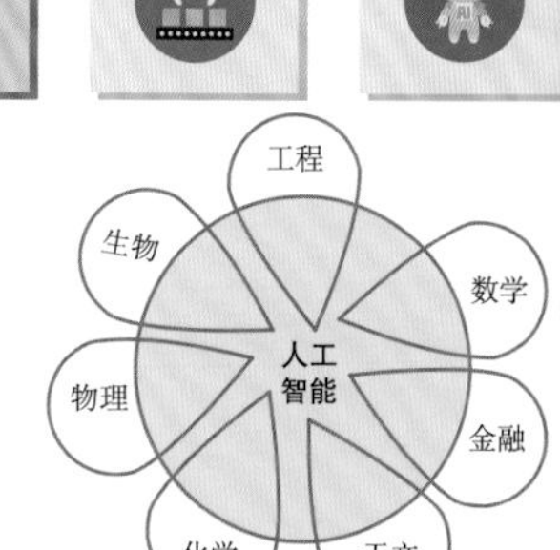

一些研究者开始扩展人工智能的视野，不仅是为了制造和人一样的智能机器，而是像数学、物理学那样，成为人类认识自然、改造自然的工具。本书所介绍的人工智能和传统科学交叉融合的例子，正是这一思路的体现。

◆ 下一代人工智能技术

随着技术的进步，以深度神经网络为代表的人工智能技术渐渐显露出瓶颈。

从技术层次看，可解释性问题成为核心关注，对抗样本的存在也带来可信性危机。一些学者认为问题的根源在于大数据学习本身的局限，因此提出将知识与数据相结合的第三代人工智能方案。

从目标任务来看，当前深度学习方法大多用来模拟人的视听等感知能力，对于推理、规划等认知能力还无法有效处理。如何应用神经网络的强大学习能力处理认知任务，是下一代人工智能的目标之一。

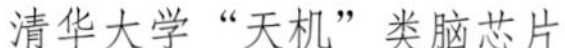
清华大学“天机”类脑芯片

“天机”芯片控制的自行车

从落地需求来看，当前深度神经网络方法对计算资源的消耗过大，特别是大模型技术出现以来，所需要的计算资源急剧增加。作为对比，人的大脑做的事情更多，但能耗只有20瓦。研究者提出类脑研究计划，希望通过模拟人脑的工作机制来提高计算效率。

◆ 人工智能与可计算理论

当前几乎所有人工智能方法都是基于计算机的，而计算机基于图灵机模型。这意味着对人工智能来说，目前只能解决图灵机所能解决的问题。

那么，有没有比图灵机更强大的计算机器或物理过程呢？至少到目前还没有发现，人们通常认为图灵机已经可以做到计算的极限，这一假设称为邱奇－图灵论题。

MIT的科学家在活体细胞中植入计算逻辑和内存，成为可以实现逻辑计算功能的细胞单元。

中国科学技术大学的九章二号量子计算机。

然而，一些新的计算框架在某些问题上确实可以显著提高计算的效率。例如，人们已经在研究基于生化过程的生物计算机和基于量子效应的量子计算机。

◆ 人与人工智能

智能时代的到来是大势所趋，人工智能会越来越渗透进我们的日常生活，人与人工智能共存是未来社会的基础范式。基于这一趋势，如何规范人与人工智能之间的关系，是整个社会需要关注的问题。

人们已经关注到人工智能产生的负面影响，如对老人的不友好，对某些人群（性别、人种等）的区别对待，利用信息优势攫取利润（如大数据杀熟现象），制造信息茧房（如新闻推荐）等。这些问题本质上不是人工智能的问题，而是人工智能使用者的问题。尽快完善相关法律，对人工智能的使用进行约束，是当前的一项迫切任务。

动动脑筋

查找资料，收集一下生物计算和量子计算的信息，并讨论这些新的计算方式和传统电子计算机有什么不同。

总结一下，通过本书的学习，你觉得人工智能最有趣的三个应用是什么？

说说看，你最希望未来人工智能帮人类做哪些事情？

光影彩蛋

什么是第三代人工智能？

人工智能发展历程

参考文献

[1] 张钹，朱军，苏航. 迈向第三代人工智能[J]. 中国科学：信息科学，2020，50：1281-1302.

[2] Douglas Fox. How Human Smarts Evolved[J]. Discovery magazine，2018.8.21.

[3] Daviet R, Aydogan G, Jagannathan K, et al. Associations between alcohol consumption and gray and white matter volumes in the UK Biobank[J]. Nature Communications 13, 1175 (2022).

[4] Bagnardi V, Blangiardo M, La Vecchia C, et al. A meta-analysis of alcohol drinking and cancer risk[J]. British journal of cancer, 2001, 85(11): 1700-1705.

[5] Li T, Qian R, Dong C, et al. Beautygan: Instance-level facial makeup transfer with deep generative adversarial network[C]. Proceedings of the 26th ACM international conference on Multimedia. 2018: 645-653.

[6] Gatys L, Ecker A, Bethge M. A Neural Algorithm of Artistic Style[J]. Journal of Vision, 2016, 16(12): 326-326.

[7] Brad Nemire.This AI Selfie Transformation App Can Even Make Mona Lisa Smile[EB/OL]. [2017-02-08].https://developer.nvidia.com/blog/this-ai-selfie-transformation-app-can-even-make-mona-lisa-smile.

[8] Zeng Z, Yao Y, Liu Z, et al. A deep-learning system bridging molecule structure and biomedical text with comprehension comparable to human professionals[J]. Nature communications, 2022, 13(1): 1-11.

[9] Levine S, Pastor P, Krizhevsky A, et al. Learning hand-eye coordination for robotic grasping with deep learning and large-scale data collection[J]. The International journal of robotics research, 2018, 37(4-5): 421-436.

[10] Qiao C, Li D, Liu Y, et al. Rationalized deep learning super-resolution microscopy for sustained live imaging of rapid subcellular processes[J]. Nature biotechnology, 2022: 1-11.

[11] Jumper J, Evans R, Pritzel A, et al. Highly accurate protein structure prediction with AlphaFold[J]. Nature, 2021, 596(7873): 583-589.

[12] Gagliano M, et al. Learning by Association in Plants[J]. Scientific Reports. 2016, 6(1).

[13] Li H, Xu Z, Taylor G, et al. Visualizing the loss landscape of neural nets[J].Advances in neural information processing systems, 2018 (31).

[14] Eickenberg M, Gramfort A, Varoquaux G, et al. Seeing it all: Convolutional network layers map the function of the human visual system[J]. NeuroImage, 2017, 152: 184-194.

[15] Gordon Cooper. New Vision Technologies For Real-World Applications[J].Semiconductor engineering, 2019 (10): 3.

[16] Liu Y, Liu D, Lv J, et al. Generating Chinese poetry from images via concrete and abstract information[C]. International Joint Conference on Neural Networks (IJCNN), 2020.

[17] Sun D, Ren T, Li C, et al. Learning to write stylized chinese characters by reading a handful of examples[C]. Proceedings of the Twenty-Seventh International Joint Conference on Artificial Intelligence (IJCAI-18), 2018.

[18] Bahdanau D, Cho K H, Bengio Y. Neural machine translation by jointly learning to align and translate[C]. 3rd International Conference on Learning Representations(ICLR 2015), 2015.

[19] Noroozi M, Favaro P. Unsupervised learning of visual representations by solving jigsaw puzzles[C]. European conference on computer vision. Springer, Cham, 2016: 69-84.

[20] Pan Z, Yu W, Yi X, et al. Recent progress on generative adversarial networks (GANs): A survey[J]. IEEE Access, 2019, 7: 36322-36333.

[21] Razavi A, Van den Oord A, Vinyals O. Generating diverse high-fidelity images with vq-vae-2[C]. Advances in neural information processing systems, 2019 (32).

[22] Machiraju H, Choung O H, Frossard P, et al. Bio-inspired Robustness: A Review[EB/OL].arXiv preprint arXiv:2103.09265, 2021.

[23] Nguyen A, Yosinski J, Clune J. Deep neural networks are easily fooled: High confidence predictions for unrecognizable images[C]. Proceedings of the IEEE conference on computer vision and pattern recognition. 2015: 427-436.

[24] Eykholt K, Evtimov I, Fernandes E, et al. Robust physical-world attacks on deep learning visual classification[C].Proceedings of the IEEE conference on computer vision and pattern recognition. 2018: 1625-1634.

[25] Sepas-Moghaddam A, Pereira F M, Correia P L. Face recognition: a novel multi-level taxonomy based survey[J]. IET Biometrics, 2020, 9(2): 58-67.

[26] Sharif M, Bhagavatula S, Bauer L, et al. Accessorize to a crime: Real and stealthy attacks on state-of-the-art face recognition[C]. Proceedings of the 2016 ACM SIGSAC conference on computer and communications security. 2016: 1528-1540.

[27] Redmon J, Divvala S, Girshick R and Farhadi A. You only look once: Unified real-time object detection[C]. Proceedings of the IEEE conference on computer vision and pattern recognition. 2016: 779-788.

[28] Liu X, Wang R, Peng H, et al. Face beautification: Beyond makeup transfer[J]. Frontiers in Computer Science, 2022 (4).

[29] Dumoulin V, Shlens J, Kudlur M. A learned representation for artistic style[C]. International Conference on Learning Representations (ICLR), 2017.

[30] Bourached A, Cann G. Raiders of the lost art[EB/OL]. arXiv preprint arXiv:1909.05677, 2019.

[31] Matern F, Riess C, Stamminger M. Exploiting visual artifacts to expose deepfakes and face manipulations[C]. 2019 IEEE Winter Applications of Computer Vision Workshops (WACVW), 2019.

[32] Nguyen T T, Nguyen Q V H, Nguyen D T, et al. Deep learning for deepfakes creation and detection: A survey[J].Computer Vision and Image Understanding, 2022, 223: 103525.

[33] Tom Chivers.What do we do about deepfake video?[N] The Guardian, 2019-06-23.

[34] Hu S, Li Y, Lyu S. Exposing GAN-generated faces using inconsistent corneal specular

highlights[J]. 2021 IEEE International Conference on Acoustics, Speech and Signal Processing (ICASSP), 2021.

[35] Dudley H. The carrier nature of speech[J]. Bell System Technical Journal, 1940, 19(4): 495-515.

[36] Jonathan Shen and Ruoming Pang, Tacotron 2: Generating Human-like Speech from Text[EB/OL].Google AI Blog, 2017-12-19.

[37] Xu L, Jiang L, Qin C, et al. How images inspire poems: Generating classical chinese poetry from images with memory networks[C]. Proceedings of the AAAI Conference on Artificial Intelligence, 2018.

[38] Qinxin Wang, Tianyi Luo, Dong Wang.Can Machine Generate Traditional Chinese Poetry? A Feigenbaum Test[C]. BICS 2016, 2016.

[39] Silver, et al. Mastering the game of Go with deep neural networks and tree search[J]. Nature. 529. 484-489, 2016.

[40] Schrittwieser J, Antonoglou I, Hubert T, et al. Mastering Atari, Go, chess and shogi by planning with a learned model[J]. Nature, 2020, 588(7839): 604-609.

[41] Mnih V, Kavukcuoglu K, Silver D, et al. Human-level control through deep reinforcement learning[J]. Nature, 2015, 518(7540): 529-533.

[42] Baker B, Kanitscheider I, Markov T, et al. Emergent tool use from multi-agent autocurricula[C]. ICLR 2020, 2020.

[43] Arulkumaran K, Cully A, Togelius J. Alphastar: An evolutionary computation perspective[C]. Proceedings of the genetic and evolutionary computation conference companion, 2019: 314-315.

[44] Barkan O, Koenigstein N. Item2vec: neural item embedding for collaborative filtering[C]. IEEE 26th International Workshop on Machine Learning for Signal Processing (MLSP). IEEE, 2016: 1-6.

[45] Wang F, Wang Y C, Dou S, et al. Doxorubicin-tethered responsive gold nanoparticles facilitate intracellular drug delivery for overcoming multidrug resistance in cancer cells[C]. ACS nano, 2011, 5(5): 3679-3692.

[46] Kench S, Cooper S J. Generating three-dimensional structures from a two-dimensional slice with generative adversarial network-based dimensionality expansion[J].Nature Machine Intelligence, 2021(3): 299-305.

[47] Cai T, Sun H, Qiao J, et al. Cell-free chemoenzymatic starch synthesis from carbon dioxide[J]. Science, 2021, 373(6562): 1523-1527.

[48] Schwaller P, Probst D, Vaucher A C, et al. Mapping the space of chemical reactions using attention-based neural networks[J]. Nature machine intelligence, 2021, 3(2): 144-152.

[49] Hoyal Cuthill J F, Guttenberg N, Ledger S, et al. Deep learning on butterfly phenotypes tests evolution`s oldest mathematical model[J]. Science advances, 2019, 5(8).

[50] Yin X, Müller R. Integration of deep learning and soft robotics for a biomimetic approach to nonlinear sensing[J]. Nature Machine Intelligence, 2021, 3(6): 507-512.

[51] Jo Y J, Park S, Jung J H, et al. Holographic deep learning for rapid optical screening of anthrax spores[J]. Science Advances, 2017, 3(8).

[52] Hawthorne C, Jaegle A, Cangea C, et al. General-purpose, long-context autoregressive modeling with perceiver AR. International Conference on Machine Learning[C]. PMLR, 2022: 8535-8558.
[53] Wagner A Z. Constructions in combinatorics via neural networks[EB/OL]. arXiv preprint arXiv:2104.14516, 2021.
[54] Raayoni G, Gottlieb S, Manor Y, et al. Generating conjectures on fundamental constants with the Ramanujan Machine[J]. Nature, 2021, 590(7844): 67-73.
[55] Zhou B, Khosla A, Lapedriza A, et al. Object detectors emerge in deep scene CNNs[C]. ICLR 2015, 2015.
[56] Mordvintsev, et al. Inceptionism: Going Deeper into Neural Networks[EB/OL]. Google Research Blog, 2015.
[57] Kerrigan J, Plante P L, Kohn S, et al. Optimizing sparse RFI prediction using deep learning[J]. Monthly Notices of the Royal Astronomical Society, 2019, 488(2): 2605-2615.
[58] González R E, Munoz R P, Hernández C A. Galaxy detection and identification using deep learning and data augmentation[J]. Astronomy and computing, 2018, 25: 103-109.
[59] Obermeyer F, Jankowiak M, Barkas N, et al. Analysis of 6.4 million SARS-CoV-2 genomes identifies mutations associated with fitness[J]. Science, 2022, 376(6599): 1327-1332.
[60] Ngoc Hieu Tran, Rui Qiao, Lei Xin, Xin Chen, Baozhen Shan, Ming Li. Personalized deep learning of individual immunopeptidomes to identify neoantigens for cancer vaccines[J]. Nature Machine Intelligence, 2: 764-771(2020)
[61] Tran N H, Zhang X, Xin L, Shan B & Li M. De novo peptide sequencing by deep learning[J]. Proceedings of the National Academy of Sciences, 2017(114): 8247-8252.
[62] Wang Z, Xie Y & Ji S. Global voxel transformer networks for augmented microscopy[J].Nature Machine Intelligence, 2021(3): 161-171.
[63] O'Meara S. Small images, big picture: Artificial intelligence to revolutionize microscopy[J]. Science, 2021, 372: 425.
[64] Chen P H C, Gadepalli K, MacDonald R, et al. An augmented reality microscope with real-time artificial intelligence integration for cancer diagnosis[J]. Nature medicine, 2019, 25(9): 1453-1457.
[65] Mehonic A, Kenyon A J. Brain-inspired computing needs a master plan[J]. Nature, 2022, 604(7905): 255-260.
[66] Pei J, Deng L, Song S, et al. Towards artificial general intelligence with hybrid Tianjic chip architecture[J]. Nature, 2019, 572(7767): 106-111.
[67] Siuti P, Yazbek J, Lu T K. Synthetic circuits integrating logic and memory in living cells[J]. Nature biotechnology, 2013, 31(5): 448-452.
[68] Zhong H S, Deng Y H, Qin J, et al. Phase-programmable gaussian boson sampling using stimulated squeezed light[J]. Physical review letters, 2021, 127(18): 180502.